Carl Stölzel

Über Entstehung und Fortentwicklung der Rübenzucker-Fabrikation

Carl Stölzel

Über Entstehung und Fortentwicklung der Rübenzucker-Fabrikation

ISBN/EAN: 9783955623609

Auflage: 1

Erscheinungsjahr: 2013

Erscheinungsort: Bremen, Deutschland

@ Bremen-university-press in Access Verlag GmbH, Fahrenheitstr. 1, 28359 Bremen. Alle Rechte beim Verlag und bei den jeweiligen Lizenzgebern.

Ueber

Entstehung und Fortentwicklung

der

Rübenzucker-Fabrikation

und insbesondere

die Concurrenz zwischen Rohr- und Rübenzucker.

―――――

Für

die Erlangung der Doctorwürde der philosophischen Fakultät
zu Heidelberg herausgegeben

von

Carl Stölzel.

―――※―――

Berlin, 1848.
Gedruckt in der Rauck'schen Buchdruckerei.

Uebersicht des Inhaltes.

Einleitung.
§. 1. Die Hanse; der deutsche Zollverein.

I. Entstehung der Runkelrübenzucker-Fabrikation und Schicksale derselben.
§. 2. Versuche Marggraf's und Achard's.
§. 3. Fortbildung der Fabrikation in Frankreich.
§. 4. Rückkehr nach Deutschland.

II. Ist jetzt eine Concurrenz zwischen Runkel- und Rohrzucker bei gleichmäßiger Belastung beider möglich?
§. 5. A. Zuckergehalt des Rohres und der Rübe überhaupt.
    B. Wirklicher Gewinn an krystallinischem Zucker in gleichen Zeiten.
§. 6. Ueblicher Saftgewinn.
§. 7. Verhältniß des krystallinischen Zuckers zum unkrystallinischen.
§. 8. Unterschied der Vegetationszeit des Rohres und der Rübe.
    C. Kosten der Erzeugung.
§. 9. Arbeitslohn. Sätze desselben.
§. 10. Capital. Stehendes und umlaufendes.
§. 11. Grund und Boden. Kaufspreise und Ertragsangaben in Europa und in den Colonien.
§. 12. Fabrikation im Ganzen.
§. 13. Nebennutzungen.
§. 14. Zuckerpreise am Erzeugungsorte und in Europa.
§. 15. Schlußfolgerung.

III. Was lassen sich für Veränderungen erwarten, welche eine billigere Production auf Seite des Runkel- oder Rohrzuckers herbeiführen könnten? Ist auch in Zukunft eine Concurrenz möglich?

§. 16. Veränderungen im Arbeitslohne.
§. 17. Veränderungen in Bezug auf das Capital.
§. 18. Veränderungen in Bezug auf den Grund und Boden.
§. 19. Bessere Fabrikationsweise im Allgemeinen.
§. 20. Größere Saftgewinnung.
§. 21. Größere Ausbeute an krystallinischem Zucker.
§. 22. Wohlfeilerer Transport.
§. 23. Aenderung der Handelspolitik. Handelscompagnien.
§. 24. Schlußfolge.

IV. Welche wohlthätigen oder schädlichen Wirkungen könnte eine ausgedehnte einheimische Zuckerproduction haben?

§. 25. Entziehung von Getreideland.
§. 26. Entziehung nützlicher Arbeiter.
§. 27. Entziehung von Brennstoff.
§. 28. Einfluß auf Handel und Gewerbe.
§. 29. Ausfall für die Staatskasse.
§. 30. Abhängigkeit von den Colonien.
§. 31. Production aller Gegenstände im Lande.
§. 32. Wohlthätige Concurrenz.
§. 33. Schlußfolgerung.

V. Schlußbetrachtung. Die in Bezug auf die Runkelzucker-Industrie einzuschlagende Steuerpolitik.

§. 34. Entschiedenheit der Politik als erste Anforderung.
§. 35. Höhere Belastung des Runkelzuckers.

Einleitung.
Blüthe und Verfall der Hanse. Der deutsche Zollverein.

§. 1.

Es gab eine Zeit wo unser Vaterland groß zur See bastand, es war die Zeit der Hanse. Dieser Bund deutscher Städte hatte die Herrschaft in den nordischen Meeren inne, zu Brügge im Westen, zu Bergen hoch im Norden, zu Riga im Osten waren seine Niederlassungen und er schrieb dem Dänemark Gesetze vor, welches jetzt die Ostseestaaten durch den Sundzoll in Abhängigkeit erhält*), dem Holland, welches uns lange genug durch eine spitzfindige Deutelei des jusqu'à la mer die Schifffahrt auf unserem schönsten Strome verkümmern konnte**), dem England, welches mit Lächeln auf uns herabblickt, wenn wir von der Errichtung einer deutschen Flotte zu träumen versuchen***).

Aber diese Macht versank eben so schnell und noch schneller als sie entstanden war; die Uneinigkeit der einzelnen Bundesglieder, die Umgestaltungen Deutschlands, der kühne Flug, welcher seit Entdeckung Amerikas in die Unternehmungen der Nationen zur See gekommen war, die Emancipation der Völker vom Systeme des Monopolismus gaben ihr den raschen Todesstoß.

---

*) Glänzender Friedensschluß zu Colmar 1285. Sartorius, Geschichte des hanseatischen Bundes. I. S. 142.

**) Zugeständnisse der Holländer 1391, beim Wiedereinzug der Hansen in Brügge. Sartorius, Geschichte des hanf. Bundes. II. S. 503.

***) Freiheiten unter Eduard I. 1303. Vertrag zu Utrecht 1473. Sartorius, Geschichte des hanf. Bundes. S. 603.

Die Patrioten mochte das Sinken der Handelsmacht Deutschlands tief schmerzen und Leibnitz rieth noch 1670 die Commercien durch Restabilirung der Hansestädte wieder aufzurichten*), das Reich faßte wohl auch Beschlüsse, nach welchen dies oder jenes geschehen sollte, allein was konnte jetzt das Reden helfen, da die Kraft gewichen war? Die Nation hatte für dergleichen Dinge keine Zeit mehr und ihre Aufmerksamkeit wandte sich nach einer ganz anderen Seite hin. Zunächst waren es die religiösen Gegenstände, welche in lang gedehnten Wirren die Kräfte in Anspruch nahmen, bald darauf aber trat die Epoche ein, in welcher das deutsche Volk auf dem Gebiete der Philosophie und Literatur eine neue Bildungsstufe durchlebte.

Während dieses ganzen Zeitraums von beinahe dreihundert Jahren waren Hamburg, Lübeck und Bremen die einzigen Städte, welche noch den Verkehr erhielten und bewirkten, daß der deutsche Name nicht gänzlich von den Meeren verschwand. Nachdem 1669 die alte Hanse die letzte Tagessatzung gehalten, traten sie zu einem neuen Bündnisse zusammen und wußten durch zeitige Reformen in ihren Zollgesetzgebungen, durch Eingehen von Verträgen mit anderen Nationen u. s. w. die Concurrenz der Mächtigeren auszuhalten. Wie wichtig sie für Deutschland waren zeigte sich besonders deutlich in dem Reichskriege mit Ludwig XIV., wo der Kaiser zugeben mußte, daß ihre Flagge durch die Neutralitätserklärung geschützt wurde, da er selbst dieselbe nicht zu schützen vermochte**). Sie gingen später mit den nordamerikanischen Freistaaten, mit Südamerika und Westindien Verbindungen ein, und sind die Basis für eine weitere Ausdehnung unseres auswärtigen Handels geworden.

Erst mit seiner politischen Wiedergeburt hat Deutschland auch in Bezug auf Handel und Gewerbe in eine neue Bahn einge-

---

*) Die Aufgabe der Hansestädte gegenüber dem deutschen Zollvereine. Hamburger Commissions-Bericht. S. 6.
**) Aufgabe der Hansestädte. S. 7.

lenkt. Durch das französische Joch aufgestachelt, wurde die Nation plötzlich von dem Gebiete der Abstraktion in das der Realität gezogen und als sie sich erst ein Mal als ein Ganzes der Fremdherrschaft gegenüber zu fühlen gelernt hatte, alsdann auch das Streben nach politischer Einheit im Innern mehr und mehr erwachte, war es natürlich, daß bei dem engen Zusammenhange des Staatlichen und Commerciellen sich auch die Interessen in Bezug auf Handel und Gewerbe mehr regten und daß man die vielfachen Fesseln abzuschütteln suchte, welche jeden bedeutenderen Fortschritt des materiellen Wohles hinderten.

Zunächst hob man das unnatürliche Continentalsystem auf, das viele industriellen Kräfte in eine falsche Bahn gewiesen hatte, wenn auch anerkannt werden muß, daß auf der anderen Seite einzelne Fabrikationszweige ihm ihre Entstehung verdanken, die sich auch später, nachdem die freiere Concurrenz wieder hergestellt war, gut erhalten konnten. Als man zu Wien auf eine neue Constituirung der deutschen Lande bedacht war, stellte man zugleich das Ordnen der gewerblichen und Handelsinteressen als Berathungsgegenstand auf. Zwar blieb der Artikel 19. der Bundesakte hinter den Vorschlägen zurück, welche von einzelnen Staaten gemacht worden waren*), doch genügte dies einem Volke voller Hoffnungen für die kommenden Zeiten, um daran die schönsten Erwartungen zu knüpfen.

Wie wenig aber die Bundesversammlung das geeignete Organ war dergleichen Vorhaben rasch ins Werk zu setzen, zeigte sich nur zu deutlich an den Verhandlungen über den Verkehr der Bundesstaaten unter einander mit Lebensmitteln, über die Errichtung einer Bundespost, über Abwehr der Angriffe türkischer Seeräuberei von deutschen Schiffen, bei denen allen kein positives Resultat erzielt werden konnte. Es fehlte nicht an Andeutungen

---

*) Preußischer Entwurf vom 13. September 1814. Oesterreichischer Entwurf vom December 1814.

von verschiedenen Seiten, sowohl der Gewerbtreibenden als einzelner Regierungen *), — allein dennoch kamen keine gemeinsamen Anordnungen zur Ausführung.

Der Grund lag ganz einfach in der inneren Verfassung des Bundes, die Regierungen selbst sahen dies ein (Preußen sprach es wenigstens ganz deutlich in der Denkschrift des Grafen von Bernstorff vom 29. Januar 1831 aus), und suchte nun auf dem Wege freier Vereinbarungen zu erreichen, was ihnen als Gesammtheit zu erreichen unmöglich gewesen war.

Zuerst war es Preußen, welches schon 1818 ganz selbstständig den Verkehr innerhalb seiner eigenen Provinzen ordnete und ein vollständiges Zollsystem organisirte. So sehr im Anfange dieser Schritt den Unwillen der übrigen Staaten erregte, so wurden doch dadurch eines Theils auch andere Regierungen zum Handeln angetrieben, anderen Theils bildete Preußen den ersten festen Kern, um den sich dann eine große Anzahl der übrigen Staaten ballte und endlich im deutschen Zollvereine als eine Gesammtheit auftrat, welche den industriellen Zustand unseres Vaterlandes um ein wesentliches Stück weiter brachte. Nachdem erst einzelnen Regierungen unter einander verschiedene Verträge eingegangen hatten, schloß sich zuerst Hessen-Darmstadt 1828 an Preußen an, dann folgten 1831 Kurhessen, 1833 Baiern, Wür-

---

*) Siebzig auf der frankfurter Messe versammelte Kaufleute und Fabrikanten aus den verschiedensten Ländern Deutschlands übergaben dem Bundestage am 20. April 1819 eine von List verfaßte Bittschrift, ebenso kam bald darauf, am 1. Juli, eine von C. W. Arnoldi verfaßte, von 5051 Gewerbsleuten des thüringer Waldes und der angrenzenden sächsischen und hessischen Länder unterzeichnete, zu Stande; die Gesandten der sächsischen Länder, von Baden, Hessen-Darmstadt stellten verschiedene Anträge in Bezug auf diesen Punkt, andere Regierungen unterstützten, man fühlte mit einem Worte von oben und unten die Nothwendigkeit, daß gemeinsame Maaßregeln ergriffen werden müßten, um dem materiellen Wohle Deutschlands unter die Arme zu greifen.

temberg, das Königreich Sachsen und die thüringischen Länder, 1835 Baden und Nassau, 1836 Frankfurt, 1841 Braunschweig.

Es kann wohl Niemandem entgehen, wie die Entstehung des Zollvereins nur als ein Schritt betrachtet werden kann, welcher Deutschland seinem Ziele in Bezug auf die Entwickelung der materiellen Interessen um etwas näher gebracht hat, denn noch kann sich das Erreichte mit dem zu Erstrebenden nicht messen. Dem Vereine selbst kleben noch manche Mängel an, die zu beseitigen sind; seine neuere Constituirung ist eine nur unvollkommene zu nennen und läßt in Bezug auf Vertretung der Gewerbtreibenden und Oeffentlichkeit der Verhandlungen, vieles zu wünschen übrig, seine Politik nach Außen eine oft schwankende nicht genau berechnende, wie die Zollregister und die mit anderen Staaten abgeschlossenen Verträge beweisen*). Dann fehlen ihm noch mehrere Bundesglieder und gerade diejenigen, welche die Zollgrenzen nach dem Meere tragen werden; noch sind die beiden Herzensschlagadern Deutschlands, der Rhein und die Donau, an manchen Stellen unterbunden, selbst auf einem ganz deutschen Strome wie die Elbe verkümmert uns ein deutscher Staat die Schifffahrt durch Erhebung eines Stader Zolles. Aber nur ein Hoffnungsloser könnte in den ersten gethanenen Schritten und in dem ganzen Streben, welches unser Vaterland zu durchdringen scheint, nicht den Anfang zu weit Größerem erblicken. Durch den Zollverein sind die Mauthgrenzen innerhalb der einzelnen Staaten verschwunden, Vereinbarungen über das Münzwesen sind zu Stande gekommen, ein allgemeines Wechselrecht liegt im Entwurfe vor, ein Postcongreß ist im Begriffe den Verkehr zu regeln, eine allgemeine Schifffahrtsakte vorbereitet, ein fast vollendetes Eisenbahnnetz durchzieht das ganze deutsche Vaterland, der alte Handels-

---

*) Niederländischer Vertrag von 1839, schon 1841 wieder gekündigt. Englischer Vertrag von 1824. März-Vertrag von 1841. Aufgabe der Hansestädte. S. 196, 211, 231.

weg nach dem Orient ist wieder angebahnt. Wahrlich, wenn nicht alle Zeichen täuschen, so muß für uns ein Wendepunkt eingetreten sein und das Streben nach industrieller Selbstständigkeit, welche mit einer politischen Hand in Hand geht, den nächsten Zeiten ihren Charakter aufdrücken.

Man hat wohl öfter die Frage aufgeworfen, ob ein Ackerbautreibendes Volk nicht glücklicher zu nennen sei als ein industrielles und uns gerathen, hauptsächlich der Bodencultur den Fleiß zuzuwenden; ohne näher zu entscheiden, welchem Zustande der Vorzug zu geben und ob nicht ein Ineinandergreifen von Stofferzeugung und Stoffveredelung das ersprießlichste sei, scheint uns die Frage eine ganz müßige, da die Deutschen ihren ausschließlichen Charakter als Ackerbau treibendes Volk großen Theils aufgegeben und sich bereits zur Theilnahme am industriellen Leben der Völker entschieden haben.

Wenn es schon beim Einzelnen von großer Wichtigkeit ist, daß er beim Uebertritt in eine neue Lebensepoche diesen Schritt mit Bewußtsein und Ueberlegung thue, wie vielmehr gilt dies im Leben der Nationen, wo die verschiedensten Regungen sich durchkreuzen und oft den Faden gar nicht erkennen lassen, der sich durch das Ganze hindurchzieht! Es muß daher als eine wesentliche Aufgabe unserer Tage betrachtet werden, daß wir uns über die gewerblichen Zustände klar werden, welche uns mit einem Male so nahe gerückt worden sind, daß wir uns darüber entscheiden, welche Zweige der Industrie mit Vortheil ergriffen, welche gleich von vorneherein als nicht lohnend bei Seite gesetzt werden müssen, um darnach die geeigneten Maaßregeln zu nehmen und zu vermeiden, daß Kräfte hervorgerufen werden, welche ein Mal entstanden, sich schwer wieder bannen lassen, den spätern Geschlechtern aber wie ein Alp jede freiere Bewegung des Herzens versagen.

Unter den vielfachen Fragen, welche sich in dieser Beziehung aufwerfen lassen, erwartet auch die einer näheren Lösung, ob es einer der sich streitenden Parteien des Runkel- und Rohrzuckers bei gleichmäßiger Begünstigung beider möglich sei allein das Feld zu behaupten, oder ob sie nicht vielleicht eine friedliche Stellung neben einander einnehmen können. Bei der Wichtigkeit, die sie hat, ist sie ebenso lehrreich als interessant, weil wir an der Runkelzucker-Fabrikation deutlich verfolgen können, wie die äußeren Maßregeln auf die Entwickelung eines Productionszweiges fördernd oder hemmend einwirken können und wie eine anfänglich unbeachtete Industrie schnell zu einer umfangreichen emporwachsen kann.

I.
Entstehung der Runkelrübenzucker-Fabrikation und Schicksale derselben.

§. 2.

Die Zeit, daß der Zucker in seiner jetzigen Gestalt zu einem Bedürfnisse der europäischen Nationen wurde, liegt nicht allzufern und in dieser Form war er den Völkern des Alterthums nicht bekannt. Theophrastus, Strabo, Plinius erwähnen einer Art Honig (mel arundinaceum, σαχχαρον), welcher aus Schilf gezogen werde. Das Sakcharon der Griechen wurde wahrscheinlich durch die Züge Alexanders des Großen aus seinem Vaterlande Asien nach Europa gebracht, allein eine allgemeine Verbreitung fand das Zuckerrohr erst viel später; die Saracenen verpflanzten dasselbe bei ihren Eroberungen im 9. Jahrhundert nach Cypern, Rhodus, Sicilien und Creta und durch die Kreuzfahrer, besonders die Venetianer, wurde es den westlichen Völkern mehr bekannt. Es suchte nun seinen Weg allmälich nach einem anderen Welttheile; indem es zunächst der portugiesische Herzog von Visco nach Madeira, Porto-Santo und den canarischen Inseln übersiedelte, wanderte es von da nach Brasilien und seine Cultur verbreitete sich durch die Franzosen und Engländer weit über Amerika und seine Inseln. Wenn auch die Pflanze selbst schon dort zu Hause war, so steht doch so viel fest, daß ihre Cultur im Großen erst durch die Europäer begründet wurde. Ritter*) zeigt, daß das Zuckerrohr von seiner eigentlichen Heimath Mittel- und Ostasien sich in drei Richtungen über die Erde verbreitet habe; ostwärts von Bengalen und anderen Theilen Indiens in einem Arme nach Cochinchina, China, in einem zweiten über die Sundainseln, die Inseln der Südsee innerhalb der Tropen bis zur Osterinsel; westwärts dem Indus entlang nach Vorderasien, Nordafrika, Südeuropa bis nach Amerika. Im Alterthume kam der Zuckerbau außer in Bengalen, den Küstenstrichen Indiens, Cochinchina, südlichem China nur sporadisch vor und zwar in Asien stellenweise bis zum caspischen Meere, von Afrika in Aegypten, Dongala und einigen Strichen der Ost- und Westküste besonders Madagascar und den Inseln Bourbon und Mauritius.

Eine der wesentlichsten Erfindungen bezog sich darauf, daß man im funfzehnten Jahrhunderte lernte den Saft auszuziehen, in fester Form darzustellen und im sechszehnten das Product durch Raffiniren zu verfeinern**). Von da an stieg der Consum mit raschen Schritten und während der Zucker anfänglich in Europa nur in Apotheken anzutreffen war, wird er jetzt in jedem Haushalte fast zu den nothwendigen Bedürfnissen gezählt***). Am

---

*) Ueber die geographische Verbreitung des Zuckerrohres. Berlin 1840.
**) Schon 1597 soll eine Zuckersiederei in Dresden gewesen sein. Beckmann, Technologie. S. 504.
***) Die Zuckerproduction auf der ganzen Erde berechnet Dieterici (über die wichtigsten Gegenstände des Verbrauches und Verkehres im deutschen Zollvereine. Zeitraum von 1840—1842. S. 123.) auf 15—16 Mill. Ctr. zum mindesten, wovon die volle Hälfte von Europa verzehrt wird. — In der Periode von 1840—1842 kamen auf den Kopf jährlich in England 15,7 Pfd., Frankreich 4,6, Belgien 5,3, Zollvereinsstaaten 3,9, Oesterreich 1,26, Rußland 3,57, deutsche Staaten außer dem Zollvereine 4.
Nolten (Stellung und Ansichten des Welthandels in den ersten Monaten des Jahres 1846 S. 110.) giebt folgende Schätzung über den europäischen Consum:

Ausgange des vorigen Jahrhunderts, wird schon der Verbrauch auf 5 bis 600 Millionen Pfund geschätzt *).

In diese Zeit fällt es, daß der Chemiker Marggraf, Director der physischen Section der Akademie der Wissenschaften zu Berlin, die ersten Versuche machte auch aus einheimischen Pflanzen die süßen Bestandtheile auszuziehen. Er erzählt in seinen chemischen Schriften **), so wie aus dem Sauerklee das bekannte Sauerkleesalz gezogen werde, so habe er aus verschiedenen Pflanzen und ihren Theilen gleicher Weise verschiedene ihnen wesentliche Salze gezogen. So aus dem Kraute des römischen Fenchels sowohl als auch aus der ganzen Pflanze der Boragine ein wahres, vollkommenes in allem dem ordentlichen gereinigten Salpeter gleiches Salz; zu einer anderen Zeit aus dem Kraute des Cardui benedicti, aus der Gratiola und dem gemeinen Fenchelkraut ein wahres Kochsalz und aus dem Kraute der Marienditstel eine Art eines Weinsteines. Solches habe ihm Gelegenheit gegeben auch die Theile derer Pflanzen, welche einen offenbar süßen Geschmack besitzen, hierauf zu untersuchen und er habe gefunden, daß einige nicht nur etwas Zucker ähnliches, sondern einen wahren, vollkommenen und dem gebräuchlichen bekannten aus dem Zuckerrohre bereiteten vollkommen gleichen Zucker enthielten.

	Colonialzucker.	Rübenzucker.
Großbritannien	250,000 Tonnen.	— Tonnen.
Frankreich	205,000 ,	30,000 ,
Oesterreich, die Schweiz, Italien, Belgien, Holland, die Hansestädte u. a. deutsche Staaten	56,000 ,	5,000 ,
Rußland	40,000 ,	7,000 ,
Spanien	12,000 ,	— ,
Portugal	10,000 ,	— ,
Türkei und Griechenland	4,000 ,	— ,
	614,500 Tonnen.	59,500 Tonnen.
Totalquantität	674,000 Tonnen.	

*) Bernoulli, Technologie. II. S. 30.
**) Marggraf, Chemische Schriften II. Abhandlung 6. Berlin 1768.

Er unterwarf drei Pflanzen einer näheren Untersuchung, die weiße Mangold, die Zuckerwurzel und den rothen Mangold. Indem er die Wurzeln trocknete, mit Alkohol die zuckerigen Bestandtheile auszog und das Ganze krystallisiren ließ, erhielt er aus ¼ Pfd. getrockneter Substanz der ersten Pflanze 1 Lth., aus derselben Menge der zweiten 3 Qtchn., aus der dritten 2¼ Qtchn. reinen Zucker, zugleich aber noch einen Rückstand, der, wie er sich ausdrückte, aus harzigtem Wesen der dazu gebrauchten Pflanzentheile mit etwas Zucker vermischt bestand. Nach diesen ersten erhaltenen Resultaten versuchte er auch auf einem einfacheren Wege zu seinem Ziele zu gelangen. Er preßte nur den Pflanzensaft aus, klärte, kochte und krystallisirte ihn, behandelte das erste Product ähnlich ein zweites Mal und stellte dadurch ein dem braunen Thomaszucker ähnliches Fabrikat dar, aus dem sich durch Raffiniren ein dem gewöhnlichen weißen Zucker gleiches Erzeugniß erhalten ließ. In derselben Weise machte er Versuche mit dem Safte anderer einheimischen Pflanzen, z. B. mit der Pastinakwurzel, der Mohrrübe, der Birke.

Wenn aus den von ihm gewonnenen Resultaten auch unzweifelhaft hervorging, daß bei uns einheimische Gewächse ein dem Rohrzucker gleiches Product zu liefern im Stande seien, er sogar denselben eine praktische Bedeutung beilegte, indem er meinte, daß es dem armen Bauer Vortheil verschaffen könne, wenn er sich durch einfache Apparate aus den inländischen Pflanzen einen Syrup bereite, der den schwarzen Zuckersyrup an Reinheit übertreffen werde, so war doch die Zuckerausbeute, welche sich bei dem weißen Mangold auf 1,6 pCt., bei der Zuckerwurzel auf 1,3 pCt., bei dem rothen Mangold auf 0,5 pCt. von der Wurzel belief *), zu gering, um der Sache eine größere Bedeutung zu geben. Sie

---

*) Marggraf (Chemische Schriften. Abhandlung 6. §. 6., 24.) erhielt von 1 Pfd. weißer Mangold 4 Unzen trockner Substanz, 2 Qtch. reinen Zucker = 1,6 pCt., Zuckerwurzel 4¼ Unze 1 Qtch. = 1,3 pCt., rother Mangold 2 Unz. 0,6 Qtch. = 0,5 pCt.

gerieth in Vergessenheit und erst nach beinahe einem halben Jahrhundert nahm ein anderer Berliner Chemiker Achard den früher von Marggraf angeregten Gedanken wieder auf und, was am wichtigsten war, führte ihn praktisch in größerer Ausdehnung durch. Nachdem er sich davon überzeugt hatte, daß die Runkelrübe (Beta vulgaris) mit ihren verschiedenen Abarten den meisten Zucker liefere*), legte er auf den ihm vom Könige geschenkten Gute zu Cunern in Schlesien die erste Fabrik an und verarbeitete dort täglich 70 Ctr. Rüben, von der Regierung unterstützt und unter Controle eines Beamten, welcher zur Beobachtung des neuen Industriezweiges ihm beigegeben war. Es gelang schon ihm eine beträchtliche Quantität Zucker aus den Rüben zu ziehen, wie er angiebt**) gewann er aus 1 Ctr. Rüben, 6 Pfd. ungedeckten gelben Rohzucker oder 5 Pfd. entfärbten und 3 Pfd. Melasse.

§. 3.

Vielleicht würden aber auch seine Bestrebungen ohne weiter Verbreitung zu finden untergegangen sein, wenn sie nicht in eine Zeit gefallen wären, welche nothwendig alle Blicke auf diesen Gegenstand wenden mußte — in die Zeit des Continentalsystemes. Zu den riesenhaftesten Plänen Napoleons gehörte es wohl, daß er den Feind, dem er auf dem Meere nichts anhaben konnte, durch Absperrung des Handels lähmen, den Continent aber zur vollständigen Unabhängigkeit von jenem Inselreiche führen wollte. Mit einer eisernen Consequenz führte er seine Absicht durch und trieb endlich durch den Befehl alle im Besitze der Kaufleute befindlichen englischen Waaren zu verbrennen, die Sache auf die Spitze. Durch solche gewaltsame Hemmung des Handelsganges geschah es, daß 1 Pfd. Rohzucker, welches 1831 zu Hamburg

---

*) Annales de Chimie. XXXII. p. 163. Procédé d'extraction du sucre de bette communiqué par Achard.

**) Achard, Nachricht über die Zuckerfabrik zu Cunern in Schlesien. S. 34.

mit 4½—6¼ Schilling bezahlt wurde, im Jahre 1808 ehe eine
Zuleitung von Rußland und der Türkei möglich war auf 39
bis 53 Schilling stand *). Unter diesen Umständen war wohl
nichts natürlicher als daß der einheimischen Zuckerfabrikation bei
dem hohen Gewinnste, der vor Augen lag, große Aufmerksamkeit
geschenkt und eine Bedeutung beigelegt wurde, die sich theilweise
an die übertriebensten Hoffnungen knüpfte. Von dem Nationalinstitute Frankreichs wurden die bedeutendsten Chemiker wie Cels,
Chaptal, Darcet, Fourcroy, Tessier, Vauquelin, Deyeur nach
Schlesien geschickt um Achard's neues Verfahren zu prüfen; sie
analysirten vielfach und auf das Genaueste den Zuckergehalt der
Rüben und es bedurfte nur einer Empfehlung von ihrer Seite
um dem neuen Verfahren den Weg nach ihrem Vaterlande zu
bahnen und die Zweifel zu heben, welche bisher dort bestanden
hatten. Das in Deutschland geborene Kind wurde nun in einem
anderen Lande groß gezogen und besonders in den dreißiger Jahren wuchsen in Frankreich die Fabriken wie die Pilze empor und
standen zuletzt als drückende Concurrenten der Colonien da. Während das inländische Fabrikat sich noch
    1828 auf nicht ganz 3 Millionen Kilogramme
belief, erreichte die gelieferte Masse
    1836 das Maximum von 49 Mill. Kilogr. **).
Die Zahl der Fabriken hatte sich binnen acht Jahren verfünffacht
und stieg bis zum 1. April 1836 auf 466 ***). Nachdem ein
Mal unter Napoleon dieser Industriezweig sich festgesetzt, dehnte

---

*) Neumann, Vergleichung der Zuckerfabrikation aus in Europa ein-
heimischen Gewächsen mit der aus Zuckerrohr in den Tropenländern.
Herausgegeben vom Vereine zur Ermunterung des Gewerbsgeistes
in Böhmen. Prag 1837.

**) Rau, Politische Oekonomie. II. §. 214. ff.

***) Schubarth (Beiträge zur näheren Kenntniß der Runkelrüben-Fa-
brikation in Frankreich. Berlin 1836, §. 57.) schätzt ihre Production auf ⅓ des ganzen Bedarfes. Der Fabrikant Crespel lieferte
allein in seine sechs Fabriken hierzu 2,200,000 Pfd. Rohzucker.

er sich später mit raschen Schritten aus, denn noch war er durch einen Zoll von 42½ und 49½ Frc. von 100 Kilogr., welcher auf dem Producte der Colonien jenseits und diesseits des Caps lag, sehr bedeutend geschützt. Zwar hatte man den Zoll nur aus finanziellen Gründen aufgelegt, indem man die aufkeimende Runkelrüben-Industrie für nicht wichtig genug hielt, er wirkte aber bald als ein hoher Schutzzoll, der den Colonien wie dem Staate in gleicher Weise die Einnahmen verkümmerte. Bei einer solchen Bevorzugung der inländischen Production war ein Theil der colonistischen Fabriken genöthigt einzugehen und wie auf der Seite des Rübenzuckers ein Steigen, so war auf der Seite des Rohrzuckers eine nicht geringe Abnahme der gelieferten Productenmenge bemerkbar. Während die Colonien

1832 82½ Mill. Kilogr.

geliefert hatten, wurden

1836 nur 67⅓ Mill. Kilogr.

eingeführt. Andere Fabriken sahen sich gezwungen, um die Krisis zu überstehen, unter dem Kostenpreise zu arbeiten. Die Klagen der Colonien wurden immer lauter und man mußte endlich durch das Gesetz vom 18. Juli 1837 das Rübenfabrikat mit einer Steuer von 15—20 Frc. für 100 Kilogr. je nach der Güte belegen, welche sich mit $\frac{1}{10}$ Zuschlag auf 16½—22 Frc. belief und vom 1. Juli 1839 an erhoben werden sollte.

Eine solche Maßregel konnte ihre Wirkung nicht verfehlen und es trat ein ebenso rasches Sinken des Verbrauches an Runkelzucker ein, wie sich vorher eine reißende Zunahme kund gethan hatte; die producirte Quantität sank um mehr als die Hälfte herab,

1839 auf 22 Mill. Kilogr.

Weitere Modifikationen des Tarifes zu Gunsten der Colonien sprach das Gesetz vom 3. Juli 1840 aus, wodurch die Steuer von amerikanischen Zucker auf 45—51½, von Zucker aus Bourbon auf 38½—46 Frc. erhöht wurde, welches mit den Zuschlägen von $\frac{1}{10}$ bezüglich 49,5—56,65; 42,35—50,6; 27,5—36,85 betrug.

Die Einfuhr aus den Colonien hob sich dadurch wieder im Jahre

1841 bis auf 74½ Mill. Kilogr.;

auf der anderen Seite genügte aber den Runkelzucker-Fabrikanten dennoch der Schutz von etwa 20 Frc., den sie noch immer genossen, um ihnen einen hinreichenden Gewinn zu sichern und wenn auch durch den ersten gegen sie unternommenen Schlag ein großer Theil zu Grunde ging, denn von 600 Fabriken blieben zuerst nur 450, dann, nach dem Gesetze von 1840, 389 übrig*), so waren es doch blos diejenigen, welche eine unvollkommene Fabrikationsweise beibehalten hatten oder unter weniger günstigen Umständen arbeiteten, während ein anderer Theil recht gut sich erhalten konnte. Daher erklärt sich die Erscheinung, daß theilweise die einzelnen Fabriken eine bedeutendere Menge producirten, theilweise ganz neue Etablissements entstanden, mit allen Apparaten einer vervollkommneten Industrie ausgestattet. Die Production stieg wieder in raschem Maße, es wurden

1841 schon wieder 31 Mill. Kilogr.

erzeugt, welche Summe

1842 bis zu der bedenklichen Höhe von mehr als 41 Kilogr.

wuchs, so daß bald das Maximum von 1836 wieder erreicht war.

Unter solchen Umständen hielt es die Regierung für zweckmäßig, einen neuen entscheidenden Schritt gegen die Runkelfabriken zu thun, denn sie berechnete, daß bei Unterdrückung derselben ein weit höherer Zollertrag in die Staatskasse fließen werde. Von letzterer waren die Schwankungen in der inländischen und ausländischen Production deutlich gespürt worden und sie bildete das Barometer, nach welchem zunächst der Zolltarif eingerichtet wurde. Es betrug die Einnahme von versteuertem Zucker

1831 31,000,000 Frc.,

---

*) Hagemeister, des Rohrzuckers Erzeugung, Verbrauch und Verhältniß zum Rübenzucker. S. 13.

nach Abgang der Rückzölle, blieb dann stationär, obgleich der Zuckerverbrauch stieg und sank, endlich

1838 auf 30,381,000 Frc.
1839 " 28,407,000 "

Die darauf erfolgten Gesetze vom Jahre 1839 und 1840 brachten sie wieder

1840 auf 34,896,000 Frc.
1842 " 40,000,000 "

und man rechnete, daß sich bei gänzlicher Unterdrückung der Runkelrüben-Fabrikation die Einnahme bis auf 60,000,000*) steigern werde. Der Vorschlag der Regierung ging ganz einfach dahin, den einheimischen Zucker-Fabrikanten 50 Mill. Frc. Entschädigung zu geben und die inländische Production gänzlich zu untersagen. Die Kammern nahmen dies nicht an, sondern führten einen anderen entscheidenden Schlag gegen die Runkelzucker-Fabrikanten dadurch, daß sie eine allmälige Erhöhung der Steuer festsetzten, welche nach fünf Jahren mit der auf dem Colonialzucker übereinstimmen sollte.

So ist der letzte Schritt geschehen, welcher überhaupt geschehen konnte. Trotzdem war es den französischen Fabrikanten möglich, die Concurrenz mit den Colonien auszuhalten; zwar hat diese neue Belastung wie die frühere manche weniger Begünstigte vernichtet, allein so wie nach der Krisis von 1839 ein allmäliges Steigen der Production wieder eintrat, so haben kräftige Naturen von Fabriken auch diese zweite überwunden und sind den vielfachen Prüfungen glücklich entgangen. Die statistischen Nachrichten der letzten Jahre geben uns darüber folgendes an: 1847 waren 297, Ende Februar 1848 308 Fabriken in Thätigkeit. Gelieferte Menge: 43,394,000, 53,350,000 Kilogr. Vorrath von der

früheren Zeit:	1,151,625,	1,784,948 "
	44,545,625	55,134,948 Kilogr.

---

*) Hagemeister, des Rohrzuckers Erzeugung ꝛc. S. 21.

Allein hat sich auch herausgestellt, daß in Frankreich ein gutes Fortbestehen der inländischen Zuckerindustrie ermöglicht sei, so ist doch damit die Concurrenzfrage im Allgemeinen noch keineswegs entschieden, indem die Concurrenz, von der in Frankreich die Rede sein kann, nur eine auf die eignen Colonien beschränkte ist und die Production der letzteren, wie wir weiter unten sehen werden, sich keineswegs in einem Zustande befindet, welcher ein naturwüchsiger genannt werden kann.

§. 4.

Wenden wir unsere Blicke nun wieder nach unserem eigenen Vaterlande, so hatte sich der neue Industriezweig nach den ersten Bemühungen Achard's und Anderer nur wenig fortentwickelt. So wie er dem Aufkommen des Continalsystemes seine erste Bedeutung verdankte, so verlor er auch wie manche andere einen großen Theil derselben, als man sich durch den Sturz des mächtigen französischen Kaisers des politischen wie merkantilen Joches entledigt hatte und der Handelsstrom aus der künstlichen Eindämmung in sein natürliches Bette zurücklief. Erst weit später, als in den dreißiger Jahren die französischen Runkelzucker-Fabrikanten einen bedeutenden Gewinn machten, regten großprahlerische Anzeigen in Deutschland den Gegenstand von Neuem an und man nahm diesen Zweig der Industrie, der unterdessen auswärts durch vielfache Erfahrungen und Verbesserungen entwickelt worden war, wieder in den mütterlichen Schooß des Geburtslandes auf.

Da der inländische Zucker vor dem ausländischen ebenso wie früher in Frankreich durch Befreiung von der Consumtionssteuer, welche sich auf 5 Thlr. vom Ctr. Rohzucker belief, bedeutend bevorzugt war, so konnte ein rasches Steigen der Production nicht ausbleiben. Es wurden im Zollvereine auf den Markt geliefert im Jahre

1837 von 122 Fabriken 25,346 Ctr.

$\frac{1841}{1842}$ von 156 Fabriken 138,197 Ctr.
$\frac{1842}{1843}$ - 159 - 145,210 - *).

Die vermehrte inländische Zuckererzeugung mochte die Regierungen wohl fürchten lassen, daß dieselbe der Zollkasse bald einen Ausfall verursachen würde und aus diesem Motive scheint der holländische Vertrag von 1839 hervorgegangen zu sein, dessen Wesen darin bestand, daß der Lumpenzucker, ein in Bezug auf Feinheit zwischen Rohzucker und Raffinade stehendes Product, eine Erniedrigung des Zolles um die Hälfte von 11 auf 5½ Thlr. für Holland erfuhr und dadurch mit Rohzucker fast gleich besteuert wurde. Die Folge davon war, daß Holland im nächsten Jahre Deutschland mit Lumpen überschwemmte und dadurch ein einstimmiger Klageruf aller Zucker-Fabrikanten hervorgerufen wurde**). Aber auch die Regierungen erreichten ihren finanziellen Zweck nicht, im Gegentheile hatte die Zollkasse nur einen dadurch verursachten Ausfall zu beklagen, denn da die Lumpen eine größere Menge Zucker enthalten als der Rohzucker, so bedurfte es, um gleiche Quantitäten Raffinade zu erzeugen, einer geringeren Menge von ersterem als es früher von letzterem bedurft hatte, trotzdem war aber der Zoll von Lumpenzucker nur ¼ Thlr. höher als der frühere und jetzige vom Rohzucker. Die Zuckereinfuhr betrug:

1839   123,699,510 preuß. Pfd.
     = 116,697,651 Zollpfund.
1840   107,996,020   -
1841   104,551,040   -

Die Zolleinnahme davon:
1839   5,903,718 Thlr.
1840   5,372,032   -
1841   5,190,382   - ***).

---

*) Dieterici, über die wichtigsten Gegenstände des Verkehrs ꝛc. Erste Fortsetzung. $\frac{1842}{1843}$. S. 100. ff.
**) Das Nähere siehe unten §. 34.
***) Dieterici. Erste Fortsetzung S. 87., zweite S. 131.

Wie ungünstig für alle Seiten der obige Vertrag sich gestaltete, beweist am Besten das Faktum, daß er schon nach zwei Jahren gekündigt und die alte Zollscale, welche den Lumpenzucker mit der Raffinade gleich besteuerte, wieder eingeführt wurde. — Man griff nun statt dessen, um den durch den Runkelzucker gedrohten Ausfall in der Zolleinnahme zu decken, zu einem anderen Mittel und bestimmte, das Rübenfabrikat solle vom Herbste 1842 ½ Thlr. vom Centner zahlen und dieser Satz auf ¾ erhöht werden, sobald die producirte Menge ⅙, auf 1 Thlr. sobald sie ¼ des eingeführten Quantums an Colonialzucker überstiege. Die Belastung war nur eine sehr geringe zu nennen, denn noch blieb den Zucker-Fabrikanten ein Schutz von 4¼ Thlr., etwa 36 pCt. vom inländischen Werthe des Zuckers*), der hinreichte um die Production immer mehr zu steigern. Zwar hatte sich die Anzahl der Fabriken vermindert, indessen der Betrieb im Ganzen wurde bedeutender wie früher und durch die Erweiterung der bestehenden Anstalten war es möglich, daß

⁂ von 136 Fabriken 256,043 Ctr.

geliefert wurden**) und bald der höchste Zollsatz von 1 Thlr. in Anwendung kam. Diese Menge vertheilt sich auf folgende Art unter die einzelnen Länder des Zollvereines:

	Anzahl der Fabriken.	Verarbeitete Rübenmenge.	Zucker zu 5 pCt. Ausbeute.
I. Preußen.			
1. Preußen	1	10,554 Zollctr.	528 Zollctr.
2. Westpreußen	3	20,378 "	1,019 "
3. Posen	5	71,202 "	3,565 "
4. Pommern	6	121,138 "	6,057 "
5. Schlesien	21	537,856 "	26,893 "
6. Brandenburg. Berlin	—	— "	— "

---

*) Rau, Politische Oekonomie. II. §. 214. d.
**) Dieterici. Zweite Fortsetzung. S. 142.

	Anzahl der Fabriken.	Verarbeitete Rübenmenge.	Zucker zu 5 pCt. Ausbeute.
Potsdam	2	109,235 Zollctr.	5,462 Zollctr.
Frankfurt	2	119,648 "	5,982 "
7. Sachsen	48	2,660,065 "	133,003 "
8. Westphalen	3	25,726 "	1,286 "
9. Rheinprovinz	8	109,717 "	5,486 "
II. Baiern	11	194,711 "	9,735 "
III. Sachsen	2	42,578 "	2,129 "
IV. Würtemberg	2	209,176 "	10,459 "
V. Baden	8	616,885 "	30,844 "
VI. Kurhessen	4	39,451 "	1,973 "
VII. Großherz. Hessen	4	120,098 "	6,005 "
VIII. Thüring. Länder	4	63,341 "	3,169 "
IX. Braunschweig	—	41,948 "	2,097 "
X. Nassau	2	7,052 "	353 "
XI. Frankfurt a. M.	—	—	—

Seit Eintritt der höheren Steuer soll eine abermalige Verminderung der inländischen Fabriken eingetreten sein und nichts wäre wohl natürlicher, da jede solche Krisis den Fall mancher Etablissements nach sich ziehen muß. Man würde indessen weit fehlen, wenn man daraus den Schluß ziehen wollte, daß überhaupt die bis jetzt bestehende Belastung von neuen Fabrikanlagen abzuhalten im Stande wäre. Im Gegentheile wird der noch immer so bedeutende Schutzzoll fort und fort ein Anreizungsmittel zu frischen Unternehmungen abgeben und die Regierungen werden sich genöthigt sehen, dem Beispiele Frankreichs folgend, eine allmäliche Erhöhung des inländischen Zolles vorzunehmen.

Bei dem Umfange, welchen die europäische Rübenzucker-Production erreicht hat[*]) und bei den Aussichten, welche sich besonders

---

*) Dieterici (erste Fortsetzung S. 82.) schätzt die Totalproduction Europa's 1½ Mill. Ctr. Von 100 Ctr. Zucker 20 Ctr. Rübenzucker. In Frankreich kommen auf den Kopf 5 Pfd. Colonialzucker, 2,5 bis 2,6 Rübenzucker.

für unser Vaterland in Bezug auf diesen Punkt eröffnen, ist es von Wichtigkeit die Concurrenzfrage zwischen den streitenden Zuckerarten des tropischen und gemäßigten Klimas vom theoretischen Standpunkte aus genauer zu beleuchten und der Gegenstand nimmt gerade bei uns noch eine ganz andere Gestalt an, da wir, unabhängig von Colonien und der damit zusammenhängenden Handelspolitik, den Rohrzucker zu einem viel gemäßigteren Preise erhalten können als viele unserer Nachbarvölker, indem uns ein größerer Markt offen steht, der uns seine Produkte anbietet.

Die uns vorliegende Untersuchung kann hauptsächlich in drei Fragen zerfällt werden:

1) Ist jetzt eine Concurrenz zwischen Runkel- und Rohrzucker bei gleichmäßiger Belastung beider möglich?

2) Was lassen sich für Veränderungen erwarten, welche eine billigere Production auf der einen oder anderen Seite herbeiführen könnten; ist auch in Zukunft eine Concurrenz möglich?

3) Welche wohlthätigen oder schädlichen Wirkungen könnte eine ausgedehnte inländische Zuckererzeugung haben?

II.
Ist jetzt eine Concurrenz zwischen Runkel- und Rohrzucker bei gleichmäßiger Belastung beider möglich?

§. 5.

Wollen wir uns darüber klar werden, ob bei einer etwa eintretenden gleichmäßigen Besteuerung von Runkel- und Colonialzucker der Fabrikation des ersteren nicht der Todesstoß versetzt werde, so müssen wir die einzelnen Faktoren näher betrachten, durch welche der Preis der beiden Producte zusammengesetzt wird. Die Bestimmungsgründe dazu liegen sowohl in der Natur der Erzeugnisse mit denen wir es zu thun haben selbst, als auch in mehr äußeren Umständen, unter denen die Erzeugung Statt findet, sie sind mit anderen Worten eines Theils chemische und öconomische, anderen Theils staatswirthschaftliche. Beide Arten unterscheiden sich aber wesentlich von einander, denn während sich bei den ersteren mit bestimmten Zahlen ein Endergebniß herleiten läßt, kann bei den letzteren, besonders wo die statistischen Nachrichten weniger an die Hand geben, häufig nur ein gegenseitiges Abwägen vorgenommen werden, um eine Entscheidung in unserer Frage herbeizuführen.

Von chemischen Analysen sind uns eine große Anzahl älterer und neuerer geboten, indem seit Entstehung des Runkelzuckers eine Menge bedeutender Männer sich bemüht haben eine Vergleichung zwischen Rohr und Rübe anzustellen. Der Gehalt der Rübe wird angegeben von

Einhof[*)] 86$\frac{2}{3}$ wässerige Bestandtheile,

10$\frac{3}{4}$ zuckerige =

3$\frac{1}{6}$ Fasern,

$\frac{2}{7}$ Eiweiß.

_____

100.

Lüdersdorf[**)] 80—82 wässerige Bestandtheile,

3—13 Zucker,

3 feste Bestandtheile.

Herrmann[***)] fand den Zuckergehalt in elf, in verschiedenen Gegenden Rußlands gewachsenen Rüben 6,1—12,13 pCt.

Deyeux über 13 pCt. Zucker.

_____

*) Burger, Landwirthschaft, II. S. 156.

**) Lüdersdorf, die Fabrikation des Runkelrübenzuckers. Berlin 1836. S. 9.

***) Journal für praktische Chemie von Erdmann und Schweiger. — Seidel. IV.

Chaptal*) mit den vom Nationalinstitute nach Schlesien geschickten Chemikern in 1 Ctr. Rüben 8¼ Pfd. Zucker, also 8 pCt.

Lohmann**) giebt an, daß aus 100 Pfd. Rüben 13¾ Pfd. Zucker zu gewinnen seien, und daß er selbst 11 Pfd. gewonnen habe.

Pelouze***) fand 97,5 wässerige Theile,
$$\frac{2{,}5 \text{ feste}}{100}$$
und zwar schwankte der Zuckergehalt in fünf und zwanzig an verschiedenen Orten Frankreichs gewachsenen Rüben von 5,8 — 10 pCt. Die letzte Zahl hält er als Norm fest.

Peligot†), dem wir besonders vielfache Analysen über diesen Gegenstand verdanken, fand in fünf verschiedenen Untersuchungen 5 — 14,4 pCt. Zucker.

Ueberblicken wir die uns vorliegenden Zahlen, so finden wir, daß sich der Zuckergehalt der Runkelrübe innerhalb ziemlich weiter Grenzen bewegt und daß je nach Untersuchung verschiedener Arten aus verschiedenen Gegenden die Resultate sehr abweichend ausfallen. Wir konnten es indessen auch nicht anders erwarten, denn da jede Pflanze ihre Bestandtheile von Außen empfängt, so wird nach Verschiedenheit von Klima und Boden auch eine Verschiedenheit in der Zusammensetzung der einzelnen Bodenproducte eintreten müssen. Indem 3 und 14 pCt. diejenigen Zahlen sind, welche die Grenzwerthe bilden, können wir als eine mittlere Zahl des Zuckergehaltes der Rübe 9 pCt. annehmen und sicher sein, daß wir auf diese Art gleichweit von einem zu geringen Anschlage wie von einer Ueberschätzung entfernt sind. Es wird diese Zahl

---

*) Achard, Nachrichten über die Zuckerfabrik zu Cunern in Schlesien. S. 37.

**) Lohmann, über den gegenwärtigen Zustand der Zuckerfabrikation in Deutschland. Magdeburg 1818.

***) Annales de chimie. Bd. 47.

†) Dumas, Traité de chimie appliquée aux arts. VI. S. 151. ff.

da eintreten, wo wir es mit einem Boden von mittlerer Güte zu thun haben und grade dieser muß uns die Norm geben, wenn wir einen bestimmten Schluß ziehen wollen. Die festen unlöslichen Bestandtheile belaufen sich nach allen Angaben höchstens auf 4—5 pCt., der Rest wird von wässerigen und anderen für uns weniger wichtigen Bestandtheilen gebildet.

Stellen wir dagegen eine Reihe von Analysen über den Rohrzucker auf, so sind die Angaben folgende:

Du Trône*) meldet, daß der Saft des Zuckerrohres 5—14° Beaumé gezeigt habe, welches einem specifischen Gewichte von 1,031—1,107 entspricht. 14° deuten einen Gehalt von 25 Pfd. 22 Lth. in 100 Pfd. Saft an, also würde sich der höchste Gehalt auf 26 pCt. belaufen.

Dallas**) giebt das Verhältniß der einzelnen Bestandtheile im Safte an auf:

80 Theile Wasser,
10 " Zucker,
10 " dickes Oel, schleimiges Gummi und ein kleiner Theil wesentliches Oel.

Avequin***) fand nach vier Analysen in Luisiana in 1000 Theilen; also in 100 Theilen

von Canne d'Otaiti:

142,80 Zucker   14 Zucker,
168,00 "   17 "

von Canne à rubra

133,92 "   13 "
159,89 "   16 "

Humboldt†) berichtet, daß der Vesou in Java zuweilen

---

*) Precis sur le canne et d'en extraire un sec essentiel.
**) Neumann, Vergleichung der Zuckerfabrikation aus in Europa einheimischen Gewächsen 2c. S. 101.
***) Neumann, S. 102.
†) Neumann, S. 101.

25—30 pCt., in Cuba 10—12 pCt., in Brasilien (nach Martius) 24⅔ pCt. Zucker enthalte.

Dupuy*) fand nach in Guadeloupe mit frischem Rohre angestellten Versuchen in 100 Theilen

72,0 Theile Wasser
17,8 „ Zucker
9,8 holzige Theile
0,4 Salze
──────
100,0

Peligot**), der die Analyse des Besou's mit der aus dem getrockneten Rohre zusammenstellte, erhielt folgende Zusammensetzung des frischen Rohres auf Martinique:

72,1 Theile Wasser
18,0 Zucker
9,9 holzige Theile.
──────
100

Nach diesen verschiedenen Angaben finden wir beim Rohre wie früher bei der Runkelrübe ebenfalls weitere Grenzen des Zuckergehaltes, innerhalb welcher ein mäßiger Durchschnittswerth liegt. Die äußersten Zahlenwerthe sind 10 und 30 pCt., 18 pCt. ist also wohl derjenige, welcher gemäß der Berechnung und Erfahrung den mittleren Satz für das Rohr bildet. Die festen Bestandtheile betragen 10 pCt., der Rest ist von wässerigen und anderen unwichtigeren Stoffen gebildet.

§. 6.

Wir können daraus klar ersehen, daß der Zuckergehalt des tropischen Rohres den unserer einheimischen Rübe bei Weitem überwiegt, denn während das erstere 18 pCt. Zucker in 90 Theilen Saft aufgelöst enthält, finden sich bei der letzteren in 95 pCt. Saft nur 8 pCt. Zucker, mithin weniger als die Hälfte.

───

*) Damas, Traité de chimie. VI. S. 209.
**) Ebendaselbst.

Wollten wir diese Zahlen wie sie sich hier ergeben unmittelbar zusammenstellen, so würden wir von vornherein die Uebermacht des ausländischen Produktes gegen das inländische anerkennen müssen; allein diese Werthe sind keineswegs diejenigen, welche eine Vergleichung zulassen, indem eine Reihe von Umständen sie mannichfach modificirt und reducirt. Eine ganz andere Frage ist nämlich die, wie viel werden und können bei der einen oder anderen Fabrikation von den vorhandenen Zuckertheilen gewonnen werden, in welchem Zustande werden sie gewonnen und endlich mit welchen Kosten kann man sie erhalten?

Holen wir uns bei den Praktikern Auskunft, wie viel in verschiedenen Fabriken zunächst vom Safte der Runkelrüben ausgepreßt werde, so giebt uns schon Achard darüber an, daß er aus 70 Ctr. Rüben 4620 Pfd. Saft gewonnen habe, also 60 pCt.*). Es war dies beim Aufkommen des Industriezweiges. Daß sich mit diesem Resultate die Fabrikanten nicht begnügten und die Ausbeute möglichst zu steigern suchten, ist wohl zu vermuthen, besonders wenn man bedenkt, daß seit jener Zeit die hydraulischen Pressen eine allgemeinere Verbreitung fanden, deren Einrichtung von der Vollkommenheit ist, daß man mit ihnen erreichen kann, was sich überhaupt wohl praktisch erreichen läßt. Crespel, einer der größten Fabrikanten Frankreichs, brachte es mittelst derselben dahin, von den 95 theoretisch überhaupt gewinnbaren Prozenten 85 zu erhalten. Man geht aber nur selten bis zu diesem Maximum, denn da die letzten Antheile Saft viel schwerer von den festen Bestandtheilen zu trennen sind und deshalb eine größere Kraftanwendung erfordern als die ersten, auch diesen an Güte nicht gleich kommen, so halten es die Fabrikanten für vortheilhafter, den letzten Theil der Ausbeute lieber aufzugeben. Der Mittelsatz, bis zu welchem

---

*) Achard's Nachrichten über die Zuckerfabrik zu Cunern in Schlesien. S. 18.

man steigt, ist deshalb nach den übereinstimmenden Angaben der Techniker 75 pCt. *).

Viel geringer ist die Saftgewinnung dagegen beim Rohre. Abgesehen davon, daß schon die festere Struktur des letzteren, bei welcher keine so bedeutende Zerkleinerung wie bei der Runkelrübe möglich ist, nur eine schwächere Ausbeute zuläßt, so sind in einem großen Theile der Tropenländer die Preßapparate nur unvollkommen und es kann sogar häufig nicht ein Mal die höchste Saftgewinnung bezweckt werden, da wegen des herrschenden Mangels an Brennmaterial die meisten Colonien genöthigt sind die Bagasse, d. h. die ausgepreßten Rohre, als solches zu verwenden und diese deshalb durch eine zu bedeutende Zerkleinerung nicht für diesen Zweck unbrauchbar gemacht werden dürfen. Wo bessere Apparate eingeführt sind, kann man 60 pCt. als einen Mittelsatz annehmen; es gilt dieß z. B. nach vielfachen Angaben Dupuy's von Guadeloupe **), doch darf diese Zahl keineswegs maßgebend sein und wir müssen für die meisten Zucker erzeugenden Länder nach den übereinstimmenden Angaben von Moseley, du Trône, Humboldt, Martius 50 pCt. ***) als üblichen Gewinn ansehen. In Bengalen wird sogar nicht einmal dieses Resultat erreicht und man begnügt sich mit einer Ausbeute von einigen 30 pCt. †).

Durch diese wesentliche Verschiedenheit in der Saftgewinnung bei Rohr und Rüben rücken die obigen von einander weit entfernten Zahlen schon etwas näher zusammen und stellen sich jetzt auf folgende Weise: Man gewinnt durchschnittlich von 95 pCt. Rübensaft 75 pCt., also von den im Ganzen in ersteren enthaltenen 9 pCt. Zucker 7 pCt.

---

*) Bernouilli, Technologie. II. S. 39. Hagemeister, des Rohrzuckers Erzeugung u. s. w. S. 97. Neumann S. 75.
**) Dumas, Traité de chimie. VI. S. 214.
***) Neumann. S. 100.
†) Hagemeister. S. 87.

Man gewinnt von 90 pCt. Rohrsaft 50—60 pCt., also von den im Ganzen in ersteren enthaltenen 18 pCt. Zucker 10—12 pCt.; in Bengalen bei 35 pCt. ausgepreßtem Safte nur 7 pCt. Zucker.

§. 7.

Eine weitere Modifikation dieser Vergleichungszahlen tritt dadurch ein, daß die Art des gewonnenen Zuckers nicht gleich ist, indem wir hier zwei Zuckerarten genau unterscheiden müssen, den krystallinischen und unkrystallinischen; nur der erstere ist aber durch seine feste Form und seine ganze Beschaffenheit geeignet eine ausgedehnte Anwendung zu finden. — In der organischen Chemie stoßen wir auf eine Gruppe von Körpern, welche sich durch ihre Existenz neben einander in vegetabilischen Organismen und durch eine wenig verschiedene Zusammensetzung ihrer einzelnen Theile auszeichnen, es ist die Gruppe der Holzfaser, Stärke, des Dextrins, Gummis und der verschiedenen Zuckerarten. Mitscherlich*) giebt ihre Zusammensetzung folgender maßen an:

Holzfaser	12 C	16 H	8 O
Stärke	12 -	20 -	10 -
Dextrin	12 -	20 -	10 -
Gummi	12 -	20 -	10 -
Rohrzucker	12 -	22 -	10 -
Fruchtzucker	12 -	24 -	12 -
Milchzucker	12 -	24 -	12 -
Stärkezucker	12 -	28 -	14 -

Schon die geringen Unterschiede in der Zusammensetzung dieser Stoffe deuten darauf hin, welcher kleinen Modifikation es bedarf, um den einen in den anderen überzuführen und in der That beruhen darauf eine Menge von Processen, welche die Hauptthätigkeit im vegetabilischen Leben bilden. Unter den ver-

---

*) Mitscherlich, Lehrbuch der Chemie. I. 328.

schiedenen Verwandlungsscenen sind für unseren Gegenstand besonders diejenigen von Interesse, welche unter den Zuckerarten selbst vor sich gehen. Bringt man krystallinischen Zucker mit starken Säuren oder einem Fermente zusammen, oder kocht man eine concentrirte Auflösung von krystallinischem Zucker eine Zeit lang, oder erhitzt man ihn bis 160°, wodurch er schmilzt, so verliert der früher krystallinische Stoff seine Gestalt, er wird in eine andere Modifikation des Zuckers verwandelt und kann in die frühere nicht wieder zurückkehren. Lassen wir die Fragen ganz bei Seite liegen, in wiefern die bei den verschiedenen Behandlungen entstandenen Producte identisch seien oder nicht, Fragen, die theilweise durch Anwendung des Polarisationsapparates ihre Lösung gefunden haben, theilweise noch eine Lösung erwarten, so steht doch so viel für uns fest, daß bei obigen Verfahrungsweisen der krystallinische Zucker in nicht krystallinischen, einerlei welche Art desselben, verwandelt wird.

Was wir eben als absichtlich hervorgerufen annahmen, tritt nun häufig bei der Bearbeitung des Zuckers gegen den Willen der Fabrikanten ein. Diese Verwandlung zu verhindern oder möglichst zu verringern, hat man in der Zuckersiederei die mannigfaltigsten Mittel ersonnen und eine Reihe der sinnreichsten Apparate beziehen sich blos auf diesen Punkt*). Man ist indessen

---

*) Eines Theils suchte man durch chemische Mittel wie Zusatz von Kalk die Säure zu binden, welche sich im Zuckersafte, sobald derselbe eine Zeit lang stehen bleibt, bildet, um der Gährung zuvorzukommen, wodurch man dem einen Uebel steuerte, anderen Theils waren es mechanische Einrichtungen, die ein rasches Versieden oder ein Versieden bei niedriger Temperatur bezweckten und dadurch das zweite der oben angedeuteten Uebel beseitigten. Zu letzteren gehören die Schaukelpfannen, deren Prinzip darauf beruht den Zuckersaft nur möglichst kurze Zeit bei einer hohen Temperatur zu erhalten, oder die sinnreichen Apparate von Howard, Roth, Pelleten und anderen, die dahin gehen das Versieden unter niedrigerem Luftdrucke, also auch bei niedrigerem Wärmegrade, vorzunehmen.

in Bezug auf Erreichung einer möglichst großen Ausbeute von krystallinischem Zucker in der Runkelzucker-Fabrikation um einen nicht unbedeutenden Schritt der Rohrzucker-Fabrikation im Allgemeinen vorausgekommen. Während man dort bemüht war durch künstliche Vorrichtungen jede Minderung an krystallinischem Zucker zu verhüten, haben dieselben besonders bei der stiefmütterlichen Behandlung der Colonien, in vielen der letzteren noch wenig Eingang, gewiß aber keine Verbreitung gefunden. Dann liegt aber eine andere Benachtheiligung der tropischen Länder im Klima selbst. Sobald das Zuckerrohr geschnitten ist, geht es, da die Aerndte gewöhnlich in die heiße Jahreszeit fällt, sogleich in Gährung über, es beginnt also der Proceß wodurch der krystallinische Zucker in unkrystallinischen verwandelt wird. Wenn man auch durch Vermeidung jedes weiteren Transportes bis zur Mühle, so wie eine rasche Bearbeitung dem Nachtheile begegnen kann, so wird doch auch die größte Sorgfalt nicht fähig sein, denselben ganz bei Seite zu setzen und darin stets ein Hinderniß für die Tropenländer liegen, verhältnißmäßig so viel an festem Zucker zu gewinnen als wir. Nicht weniger ist der ausgepreßte Saft der genannten Gefahr ausgesetzt. Viele Chemiker schreiben den Rohrpflanzen im frischen Zustande schon einen Gehalt an nicht krystallisirbaren Zucker zu, während die Runkelrübe nur krystallisirbaren Zucker enthielte; so fanden Dubrunfout und Braconnot bei ihren Analysen des Rohres beide Zuckerarten vor, indessen ist daraus kein Schluß zu ziehen und es wird gewiß vor allen Dingen auf den Zeitpunkt ankommen, zu welchem die Analyse angestellt war. Dupuy, der auf Guadeloupe ganz frisch geschnittene Rohre untersuchte, und sie mit der gehörigen Menge Kalk behandelte, fand nur krystallinischen Zucker [*]), so daß der unkrystallinische erst später sich zu bilden scheint, jeden Falls der Gegenstand aber noch einer näheren Untersuchung bedarf.

---

[*]) Damas, Traité de Chimie, VI. p. 212.

Das Verhältniß zwischen dem krystallinischen und unkrystallinischen Producte, wie es sich durch die Fabrikation ergiebt, war bei der ersten Entstehung des Runkelzuckers ein ziemlich ungünstiges zu nennen. Achard's erste Versuche fielen dahin aus, daß er mehr Syrup als krystallinische Masse gewann; aber es wurde schon ihm möglich durch Anwendung chemischer Mittel eine größere Ausbeute des letzteren zu erzielen und er giebt an *), daß er im Durchschnitt endlich von 8 Pfd. Zucker
     5 Pfd. entfärbten Rohzucker
     3   *   Melasse
erhalten habe.

Hermbstädt bekam von 4 pCt. Zucker, den er nur im Ganzen gewann: 2¼ Pfd. krystallinischen Zucker
     1¼ * unkrystallinischen.

Nach **Chaptal** gewannen die französischen Runkel-Fabrikanten 4—5 pCt. krystallinischen Zucker **).

Pelouze ***) berechnet, daß man erhalte auf
     5 Theile krystallinischen Zucker
     2½ * unkrystallinischen
und zwar fand er seine Zahlenangaben auch durch praktische Resultate der Fabrikanten Blanquet und Harpignier zu Famars bei Valenciennes bestätigt, die auf etwas mehr als 5 Theile krystallinischen Zucker 1½ Theile unkrystallinischen erhielten.

Wir werden nach diesen Angaben, welche in Bezug auf die relativen Mengen zwischen festem und flüssigem Producte wenig von einander abweichen, besonders wenn wir bedenken, welche Fortschritte dieser Industriezweig seit den Zeiten Achard's u. s. w. gemacht hat, ohne Ueberschätzung annehmen können, daß auf 5 krystallinische Theile 2½ unkrystallinische kommen, wonach in den überhaupt ausgepreßten 7 pCt. Zucker in runden Zah-

---

*) Achard, Nachrichten über die Runkelfabrik zu Cunern, S. 34.
**) Annales de Chimie 1815.
***) Annales de Chimie 1831.

len 5 pCt. krystallinischer, 2 pCt. unkrystallinischer enthalten sind. Bei einiger Maaßen schwunghaftem Betriebe rechnen die meisten Techniker Deutschlands und Frankreichs auf eine Ausbeute von 5 pCt. Rohzucker vom Gewichte der Rüben, eine Zahl, welche auch Dieterici seinen statistischen Angaben zu Grunde gelegt hat.

Gehen wir zur Vergleichung des Rohrzuckers über, so sind die Nachrichten hinsichtlich des letzten Punktes folgende:

Avequin fand nach seinen vier schon oben (S. 27.) erwähnten Analysen noch ehe der Zucker durch Versieden eine weitere Veränderung erlitten hatte in

1000 Theilen:	also in 100 Theilen:
von Canne d'Otaiti:	
101,20	10 krystallinischen Zucker,
41,60	4 unkrystallinischen;
119,05	12 krystallinischen Zucker,
48,95	5 unkrystallinischen;
von Canne à rubra:	
98,50	10 krystallinischen Zucker,
35,42	3 unkrystallinischen;
113,55	11 krystallinischen Zucker,
46,34	5 unkrystallinischen.

Nach Martius waren zu Bahia in $24\frac{2}{3}$ pCt. Saft
  $13\frac{1}{3}$ pCt. krystallinischer Zucker,
  $11\frac{1}{3}$ - unkrystallinischer.

Dupuy erhielt auf Guadeloupe in zwei Analysen *)

in 1000 Theilen:		also in 100:		
79	73	8	7	Zucker,
30	27	3	3	Melasse,
386	395	39	39,5	Bagasse,
505	505	50	50,5	Wasser.

---

*) Dumas, Traité de chimie, VI. p. 223.

Nach Dumas*) gab der sechsjährige Durchschnitt einer Zuckerpflanzung auf Luisiana von 500 Kilogr. Rohzucker 55 Gallons = 208 Litres, gegen 286 Kilogr. Melasse. Das Verhältniß von krystallinischem**) zu nicht krystallinischem Zucker stellte sich also auf 1,7 : 1.

Die französischen, spanischen und englischen Colonien Westindiens liefern nach demselben***) von 500 Kilogr. Rohzucker nur 40 Gallons, etwa 208 Kilogr. Melasse, wonach auf 1,4 Theile krystallinischen Zucker 1 Theil unkrystallinischer kommt.

Hagemeister†) nimmt in den englischen Colonien auf
2¼ Ctr. brauner Muscovade
1 " Syrup
an, also das Verhältniß von 2,25 : 1.

Dagegen meint er, in Bengalen gewinne man von 100 Pfd. Saft 4 Pfd. weißen Zucker und 12 Pfd. Melasse.

Die Reihe dieser Zahlen ist im höchsten Grade abweichend, denn während wir in einem Theile der westindischen Inseln ein Resultat erreicht sehen, welches dem in Europa erzielten sehr nahe kommt, finden wir auf dem Festlande von Amerika und noch mehr in Ostindien eine geringe Ausbeute an krystallinischem Zucker, ja sogar mehr Syrup als festen Zucker erhalten. Es liegt dieser Unterschied hauptsächlich an den verschiedenen Graden der Vollkommenheit in der Fabrikationsweise, dann kann aber auch der Natur der einzelnen Länder ein gewisser Einfluß nicht abgesprochen werden, denn die Melasse soll bei den trockenen kleinen Inseln Westindiens gegen die übrigen oft um 30 pCt. geringer ausfallen. — Da die Zahlen gar nicht für gleiche Verhältnisse gelten, so können wir unmöglich für die Zuckergewinnung der Tropen-

---
*) Dumas, Traité de chimie, VI. p. 215.
**) Dies ist indessen nicht ganz wörtlich zu verstehen, da der Rohzucker immer noch einen nicht unbedeutenden Antheil an Syrup enthält.
***) Dumas, VI. p. 226.
†) Hagemeister, des Rohzuckers Erzeugung u. s. w. S. 76. 47.

länder einen Durchschnittsertrag von krystallinischem Zucker angeben, wie wir für Europa gethan haben, sondern müssen uns auf die Grenzwerthe beschränken, welche wir erhielten. Lassen wir vor der Hand Ostindien, das bis jetzt für die Zuckerproduction noch nicht die Bedeutung gewonnen hat wie die übrigen tropischen Colonien, mit seinen extremen Zahlenwerthen außer Acht, so würde das Verhältniß von $13\frac{1}{3}$ krystallinischem Zucker zu $11\frac{1}{2}$ unkrystallinischem = $1,1 : 1$ in Brasilien auf der einen Seite und das Verhältniß von $2,4 : 1$ in den französischen, englischen und spanischen Colonien auf der anderen Seite stehen; es wären also mithin bei 10—12 pCt. gewonnenen Zucker überhaupt (S. 31.) 5—8 pCt. krystallinischer Zucker mit 5—11 pCt. Melasse die in den westlichen Tropenländern geltenden Zahlenwerthe.

Ein Vergleich mit den bei den Runkelrüben gewonnenen Procenten krystallinischen Zuckers zeigt, daß die ersten so verschiedenen Angaben über die Analysen der beiden Zuckergewächse im frischen Zustande von Neuem etwas näher gerückt sind, daß sie sich sogar in ihren Extremen, d. h. einem schwunghaften Betriebe in Europa und einem mittelmäßigen in den amerikanischen Colonien berühren.

§. 8.

Es erleiden aber diese Zahlen noch eine dritte Berichtigung durch den Umstand, daß die Vegetationszeit des Zuckerrohres eine ganz andere ist als die der Runkelrübe. Die Ansichten der Pflanzer, welcher Punkt der Reife am geeignetsten sei die Ernte vorzunehmen, so wie die Vegetationszeiten in verschiedenen Gegenden sind im Ganzen sehr abweichend von einander, und sowohl in den einzelnen Ländern, als auch unter den einzelnen Pflanzern herrscht in Bezug auf diesen Punkt eine abweichende Praxis. Manche lassen das Rohr vollständig gelb und weich werden, wie in Brasilien und Jamaika geschieht, und wozu eine Zeit von 14—16 Monaten gehört; andere schneiden es sobald es ausgeblüht hat und anfängt gelb zu werden, wie die Bewohner der meisten westindischen Inseln, bis zu welchem Punkte etwa 12 Monate verstreichen; noch andere, wie die Pflanzer von Ostindien und Java ernten schon nach 10—12 Monaten und man läßt sogar zuweilen das Gewächs gar nicht zum blühen kommen. Wie dem auch sei, so muß man doch, wenn man bedenkt daß einige Monate zur Vorbereitung des Feldes gehören über ein Jahr von einer Ernte zur andern rechnen und es können 15 Monate als eine Mittelzeit gelten, so daß auf vier Runkelrüben-Ernten des gemäßigten Klimas nur drei Rohr-Ernten der Tropenländer kommen, d. h. mit anderen Worten **der jährliche Ertrag der letzteren drei Viertheile vom wirklichen ist.**

Berechnen wir hiernach die zuletzt gefundenen Zahlen, so würden auf das Jahr von 100 Theilen Rohr

$\frac{3}{4} . 5 — \frac{3}{4} . 8 = 4 — 6$ pCt. krystallinischer Zucker,

$\frac{3}{4} . 5 — \frac{3}{4} . 4 = 4 — 3$ pCt. unkrystallinischer

fallen.

Demnach kommen wir zu dem Schlusse, daß 100 Theile Rohr mit 100 Theilen Rüben verglichen, beinahe gleiche Ausbeute geben, daß letztere in den Colonien mit weniger gutem Betriebe unter diejenige herabgeht, welche gute Runkelzuckerfabrikanten in Europa erreichen, daß sie in Colonien mit besserem Betriebe dagegen dieselbe um etwa 1 pCt. übersteigt, eine Differenz, welcher keine besondere Wichtigkeit beigelegt werden kann.

§. 9.

Haben wir nun zuerst zur Entscheidung gebracht, welche Zuckermengen in gleichen Zeiten von dem einheimischen und ausländischen Gewächse gewonnen werden, so bleibt uns nun noch die zweite, eben so wichtige zur Berathung übrig, mit welchen Kosten dies geschieht und erst die Erledigung dieses Punktes wird über unsere Hauptfrage, die Concurrenz des tropischen und einheimischen Zuckers entscheiden können. Wir müssen zu dem

Ende die einzelnen Factoren durchgehen, welche den Preis eines jeden Productes bestimmen und die Kosten abwägen, welche durch Verwendung von Arbeit, Capital und Boden entstehen. Wie früher, so werden wir auch hier wesentliche Verschiedenheiten bei Vergleich der europäischen und überseeischen Länder finden, welche bald zu Gunsten des einen, bald zu Gunsten des anderen Theiles ausfallen.

Der Arbeitslohn wird wie der Preis jeder Waare, zunächst durch den inneren Werth des zu Empfangenden geregelt. Nichts ist wohl natürlicher, als daß eine gute Arbeit besser als eine schlechte, eine künstliche besser als eine einfache bezahlt wird und daß es darnach eine große Reihe von mannichfachen Abstufungen giebt. Ein zweites Moment bilden die Kosten, welche nöthig waren, um überhaupt die Arbeit möglich zu machen, wozu also nicht blos diejenigen zu rechnen sind, die zum unmittelbaren Lebensunterhalt während der Verrichtung selbst gehören, sondern ebenso gut diejenigen, welche vor der Arbeit auf Erziehung, Ausbildung oder zum mindesten auf Ernährung bis zur Arbeitsfähigkeit gewendet werden mußten, diejenigen, welche zwischen derselben, wenn sie Unterbrechung nöthig macht und die, welche endlich nach derselben bei eintretender Arbeitsunfähigkeit nicht zu vermeiden sind. Wenn es auch viele Producte giebt, deren Werth nach den verschiedenen Bedürfnissen und Neigungen bei verschiedenen Völkern sehr von einander abweicht, die an dem einen Orte werthvoll, an dem entgegengesetzten fast werthlos sein können, so findet doch gerade dieser Umstand bei dem gegenwärtigen Falle keine Anwendung; der Zucker ist ein Product, welches am Aequator wie bei uns gleich hoch geschätzt wird, hier wie dort sogar zum Bedürfniß geworden ist. Es wird deshalb auch der innere Werth der darauf gewendeten Arbeit sich gleich bleiben und dadurch kein wesentlicher Unterschied im Lohne hervorgebracht werden können.

Anders verhält es sich mit den Kosten der Arbeit, denn es ist augenscheinlich, daß im größten Theil der Colonien Ost-

und Westindiens so wie Amerikas die Lebensbedürfnisse billiger wie in Europa erzeugt oder aus andern benachbarten Ländern herbeigeschafft werden können; sowohl die mehrfachen und reichlicheren Ernten des tropischen Klimas, als auch die weiten Länderstrecken, welche für die Cultur offen da liegen, machen dies möglich. Kann doch Amerika trotz des bedeutenden Transportes unseren Erdtheil während theurer Jahre zu seinem Vortheile mit Getreide unterstützen! Wenn wir demungeachtet hier und da zuweilen Preise der Unterhaltsmittel finden, welche unseren Vermuthungen nicht ganz entsprechen, so liegt dies nicht in den natürlichen Verhältnissen, sondern erst in den durch eine verschrobene Handelspolitik oft erzeugten, welche den Colonien häufig nicht erlaubt ihre Bedürfnisse daher zu beziehen, wo sie dieselben am billigsten erhalten können, sondern wo den Unterthanen des Mutterlandes der meiste Gewinn zufällt.

Das dritte Moment für die Bestimmung des Arbeitslohnes ist die Concurrenz zwischen Angebot und Nachfrage. Wo jenes sich mehrt wird ein nothwendiges Sinken eintreten, welches einen niedrigen Preis herbeiführen kann, wo diese zunimt folgt ein Steigen bis endlich zur Theuerung. Bei Weitem in den meisten Colonien finden wir, daß mehr Hände gesucht werden als sich anbieten und besonders auf dem amerikanischen Festlande, welches erst im Begriffe steht sich zu bevölkern, ist dieser Unterschied so bedeutend, daß trotz der billigeren Nahrungsmittel der Arbeitslohn den in Europa gezahlten meistens um das Mehrfache übersteigt. Aus diesen Gründen erklärt es sich auch ganz einfach, daß absolut genommen Sclavenarbeit keineswegs billiger sein muß als freie und daß z. B ein Unfreier auf Cuba mehr kostet als ein Freier in Deutschland. Da die Pflanzer Hände brauchen, der Sclavenhandel aber beschränkt ist, so wird man die Neger im Ankaufe so theuer bezahlen als sie sich überhaupt verzinsen können, der nothwendige Unterhalt bleibt aber ohnedieß ganz gleich mit dem eines Freien. Selbst in ein und demselben

Lande bei hinreichender Arbeitermenge ist freie Arbeit oft billiger als unfreie, indem durch letztere, wegen des mangelnden Interesses am Erfolge, bei Weitem nicht so viel geleistet wird als durch erstere. Die Tagewerke der Sclaven sind sehr klein berechnet und es kommt häufig der Fall vor, daß nach der Freilassung täglich zwei bis drei Tagewerke von ihnen verrichtet werden. Nur da kann die Arbeit eines Unfreien billiger sein, wo an Arbeitern Mangel ist und eine hinreichende Sclavenzufuhr demselben abzuhelfen sucht. Tritt dies auch in manchen Fällen ein, so ist doch so viel sicher, daß man, weil in ein und demselben Lande Sclavenarbeit weniger kostbar ist als freie, keineswegs einen Schluß auf die freie Arbeit anderer Länder machen kann und selbst in Colonien mit Sclaven übertreffen deren Kosten größtentheils bei Weitem den in Europa üblichen Arbeitslohn.

In folgenden Zahlenangaben läßt sich dies ganz einfach übersehen; es beträgt der Taglohn eines Feldarbeiters in

Böhmen und Oesterreich (Hagemeister) *)	4 Sgr.
Ostpreußen (Hoffmann)	4 "
Magdeburg, Sachsen, Schlesien (Caspari)	6 "
Rheinpfalz	7 "
Mark Brandenburg (Hoffmann) .	7½ "
Regierungsbezirk Düsseldorf (Viebahn) . . .	9 "
Frankreich	10—12 "
England (Senior)	12—17**) "

In den Colonien dagegen stellt sich derselbe auf folgende Weise:

In Cuba kostet ein Sclave, wenn man 50 Dollar jährlichen Unterhalt, 25 Dollar Verzinsung und Amortissement von 400 Dol. Ankaufspreis rechnet täglich ⅓ Dollar = 9 Sgr.

In Portorico Sclaven und freie Arbeit ⅖ Dollar = 11 Sgr.

St. Domingo ⅖—½ Dollar = 11—14 Sgr.

---

*) Hagemeister S. 71.
**) Rau, Pol. Oek. I. §. 199. c.

Jamaica 1⅓—3 Schilling = 15—27 Sgr.
Guyana 2—4⅐ Schilling = 18 Sgr. — 1 Thlr. 10 Sgr. *).

Bedenkt man dabei, daß die ersten niedrigsten Angaben sich auf Sclavenarbeit beziehen, bei der oft halb so viel als bei freier geliefert wird, so stellt sich der Unterschied zwischen den Arbeitslöhnen Europas, namentlich Deutschlands und den überseeischen Ländern sehr bedeutend heraus. Nur an einzelnen Stellen von letzteren finden wir eine Ausnahme, dahin gehört z. B. die Insel Barbadoes mit einem Arbeitslohne von 10—12 Pences = 7¼ bis 9 Sgr., welcher sich dadurch erklärt, daß hier auf einem Raume von 10¼ Quadratmeilen 105,000 Menschen leben, eine Menge, welche die volkreichsten Gegenden Deutschlands, wie Rheinhessen und den Bezirk Düsseldorf, übertrifft. Am niedrigsten fällt der Lohn in Ostindien aus, wo er in Bonares nach Hagemeisters Angabe **) 2—3 Pences = 1—1½ Sgr. und nach Neumanns Angabe ***), überhaupt ein Drittel von dem eines Negersclaven auf Cuba, also etwa 3 Sgr. betragen soll. Dieses Land, schon seit uralten Zeiten um den Ganges und Indus der Sitz zahlreicher Völkerschaften, hatte sich lange Zeit der Blüthe einer ausgedehnten Baumwollen-Industrie zu erfreuen und seine Einwohnermenge stieg daher auf eine bedeutende Höhe. Durch die englische Herrschaft ist jene Industrie gestürzt worden, die Orientalen, deren Gewebe lange Zeit in Europa zu den kostbarsten gehörten, beziehen jetzt dieselben von den Britten und da letztere weit entfernt sind die gesunkenen Gewerbe Ostindiens wieder zu beleben, die Handarbeit durch Unterstützung von Maschinen zu fördern, so sind eine Menge Hände frei geworden, welche jetzt ihre Dienste anbieten. Rechnen wir noch dazu die religiöse Verpflichtung des Hindu zu heirathen und den Gebrauch, daß es für die Mütter besonders ehrenhaft gilt Knaben zur Welt gebracht zu haben, so

---

*) Hagemeister S. 71.
**) Hagemeister S. 72.
***) Neumann S. 117.

kann uns dort ein niedriger Arbeitslohn keineswegs überraschen. Durch diesen ist auch nur die Möglichkeit gegeben, daß bei so geringer Ausbeute des Zuckerrohres, welche wie oben bemerkt sich häufig nur auf etwa 35 pCt. an Saft beläuft, der ostindische Zucker mit dem westindischen concurriren kann, bei steigendem Arbeitslohne würde man sich genöthigt sehen eine bessere Fabrikationsweise einzuführen, sowie überhaupt meist erst durch Vertheuerung der einzelnen Productionsmittel Fortschritte in der Industrie veranlaßt werden.

§. 10.

Den zweiten Antheil an den Erzeugungskosten hat der Zins des Kapitales. Dieser letztere wird ebenso wie der Arbeitslohn durch den Werth bestimmt, welchen ein Kapital durch die Anwendung, die es finden kann, besitzt, durch die Kosten, welche dem Eigenthümer daraus entspringen und durch das Verhältniß zwischen Angebot und Nachfrage. Hieraus läßt sich im Voraus schließen, daß in den Colonien, so wie in den überseeischen Ländern überhaupt durchschnittlich der Zins viel höher sein muß als in den civilisirten Ländern Europas, denn während in letzteren die Industrie eine solche Ausdehnung und einen solchen Grad der Vollkommenheit erreicht hat, daß sie sich nur in mäßigen Schritten fortentwickeln und darnach nur allmälich Capitalien aufnehmen kann, verlangen dort Ackerbau, Manufakturen und Handel gleich dringend die angesammelten Werthe und in allen diesen versprechen sie zahlreiche Früchte. Da aber ein Ansammeln von Capitalien in einem Volke nur langsam vor sich geht, so ist die Nachfrage reger als das Angebot sein kann. In den vereinigten Staaten Nordamerikas beträgt der Zinsfuß 10—12 pCt. und als man 1817 zu Neu-York den gesetzlichen Zins auf 6 pCt. erniedrigen wollte, bekamen die Kaufleute nichts geliehen und auf ihre Bitten wurde derselbe wieder auf 8 erhöht [*]). In Brasilien giebt man

---

[*]) Rau, Archiv für politische Oekonomie. Neue Folge, VI. S. 41.

12 pCt., in Mexiko 36 pCt. *), in Ostindien ganz gewöhnlich 24 pCt. **).

Wenn die Producanten der Colonien schon durch einen hohen Zinsfuß sich gegen die Europas im Nachtheile befinden, so vermehrt sich letzterer noch dadurch, daß sie genöthigt sind in vielen Beziehungen größere Summen zur Betreibung ihres Produktionszweiges anzuwenden, wenn sie auch auf der anderen Seite mit einfacheren Hülfsmitteln meistentheils arbeiten als die unsrigen. Sehen wir zunächst auf die stehenden Capitalien, diejenigen, welche nur bei einer langsamen Verzehrung als Folge der Vergänglichkeit aller Dinge ihren producirten Beistand leisten, wohin wir also vorzüglich Gebäude, Maschinen und Geräthschaften zu rechnen haben, so ist der Aufwand für deren Herstellung in den Colonien viel bedeutender als in den civilisirten Ländern Europas. Es liegt dies vor Allem in den höheren Erzeugungs- und Erhaltungskosten, welche auf jene Hülfsmittel gewendet werden müssen, denn wenn schon erwähnt wurde, daß der Lohn eines gewöhnlichen Handarbeiters meistens sich sehr hoch stellt, so gilt dies in noch viel größerem Maaße von solchen Arbeitern, die ein wirkliches Gewerbe treiben, welches in etwas zusammengesetzteren Fertigkeiten besteht. In Masechusets erhalten Zimmerleute täglich 1¼ bis 1½ Dollar (= 1 Thlr. 18 Sgr. — 1 Thlr. 21 Sgr.), Dachdecker 1¾—1⅞ Dollar (= 1 Thlr. 29 Sgr. — 2 Thlr. 4 Sgr.)***), in Buenos-Ayres ein gewöhnlicher Handwerker täglich 1 Piaster (= 1 Thlr. 13 Sgr.), in Rio Janeiro †) 1—2 Piaster (= 1 Thlr. 13 Sgr. — 2 Thlr. 26 Sgr.), in Demerara (brittisches Guyana) ein gewöhnlicher Zimmergeselle fast 18 Schilling (= 5 Thlr. 19 Sgr.) ††). Daher kommt es auch, daß ein großer

---

*) Rau, Pol. Oek. I. §. 231. a.
**) Hagemeister S. 80.
***) Rau, Pol. Oek. I §. 199. c.
†) Nach Spix und Martius.
††) Edinburg Rewiew 9. S. 314. Weitere Angaben hierüber f. Rau Archiv. N. F. VI. S. 42. Roscher, Untersuchungen über das Colonialwesen.

Theil der Maschinen trotz des Transportes über die See von England billiger bezogen werden kann.

Ein dritter Grund zur Vermehrung des Capitalaufwandes liegt endlich für die Rohrzuckerfabrikanten darin, daß das ohnedies so kostbare stehende Capital nur auf eine kurze Zeit im Jahre Anwendung finden kann und zwar auf eine viel kürzere, als es bei unserer Runkelzucker-Fabrikation möglich ist. Bei der Rübe hat man es durch gute Aufbewahrungs-Methoden dahin gebracht, daß sie weder durch zu starke Erwärmung, noch durch Frost leidet und von der Ernte an bis in den Mai hinein, also den größeren Theil des Jahres hindurch, mit Vortheil frisch verarbeitet werden kann. In manchen Fabriken findet sogar überhaupt keine Unterbrechung Statt, indem sich dieselben Schützenbach's Verfahren bedienen, welches darin besteht, die Rüben in kleinen Stücken zu trocknen und dann nach Belieben zu verarbeiten. Neben den vielen Vortheilen, welche diese Methode dadurch bietet, daß man die Wurzel ohne Schaden dann trocknen kann, wenn sie den meisten Zuckerstoff enthält, so wie, daß auch Rüben aus entfernteren Gegenden verwendbar sind, da sie in dieser concentrirten Form die Kosten eines weiteren Transportes vertragen, muß die Continuirlichkeit der Arbeit, welche dadurch ermöglicht wird, als der überwiegendste Nutzen betrachtet werden und es würde, wenn sich diese Verfahrungsweise bewähren und allgemeine Verbreitung finden sollte, dadurch keine unbedeutende Kostenersparniß durch längere Benutzung der in der Fabrikation steckenden Capitalien eintreten. — In den Tropenländern ist die Fabrikationszeit bei Weitem kürzer, denn das Rohr kann nur in frischem Zustande verarbeitet werden. Man schneidet immer nur so viel, als zunächst zur Anwendung kommen soll und führt es unverzüglich in die Mühle, um der Gährung zuvorzukommen, welche in der heißen Jahreszeit sogleich beginnt. Man sucht die Ernte deßhalb wohl möglichst in die Länge zu ziehen, dennoch aber dauert sie nur 3—4 Monate und den größten Theil des Jahres stehen die zur

Zuckerfabrikation nöthigen Maschinen ohne Beschäftigung, also auch ohne Zinsenertrag, da. Dieser eine Uebelstand erzeugt den zweiten, daß nur größere Anstalten, welche bedeutende Quantitäten Rohr verarbeiten, ihre Rechnung finden können, da aber diese auch eine weit ausgedehnte Länderstrecke zum Rohrbau erfordern, so dauert der Transport von den entfernter liegenden Grundstücken bis zur Fabrik ziemlich lange und die Zuckerpflanze geht in Gährung über, ehe sie verarbeitet werden kann. Man hat zwar diesem Uebel in Ostindien dadurch abzuhelfen gesucht, daß man wandernde Mühlen einrichtete, welche das Rohr immer in der Nähe des Ortes vermahlen, wo es geerntet wird, allein daß diese Vorrichtungen nur sehr unvollkommen ausfallen, ist unmittelbar damit verknüpft, und so wird auf der einen Seite gewonnen, was auf der anderen verloren geht.

Nicht weniger als das stehende Capital bildet das umlaufende, d. h. dasjenige, welches erst durch den Verbrauch productiv werden kann, einen ansehnlichen Theil der Erzeugungskosten und wenn wir in den Colonien das erstere sehr hoch im Werthe finden, so ist für das zweite keine andere Schätzung möglich, da diese Unterscheidung eine rein theoretische ist und es erst von der Willkühr des Einzelnen abhängt, ob er einen angesammelten, vielleicht durch eine Geldsumme repräsentirten Werth, durch seine Anlage die Natur eines stehenden oder eines umlaufenden Capitales geben will. Abgesehen davon, daß hier wie dort der schon oben erwähnte hohe Zinsfuß gilt, kommt auch eben so gut hier wie dort der größere Capitalaufwand selbst in den Colonien, den europäischen Ländern gegenüber in Rechnung.

Besonders auffallend ist der Unterschied in Bezug auf das Brennmaterial. Es liegt dies vorzüglich an dem geringen Vorrathe davon in fast allen Colonien. Java und Portorico scheinen allein in diesem Punkte begünstigt, da sie von schönen Wäldern durchschnitten sind, die außer dem Holze, welches sie liefern, auch den Sitz guter Quellen bilden und vor Allem in dem tropischen Klima einen wohlthätigen Einfluß auf die Witterungs-Verhältnisse äußern. Von den französischen Colonien Martinique und Guadeloupe berichtet schon Labat, daß Holzmangel herrsche; dasselbe gilt von Jamaica, Bahia und selbst in Ostindien, welches zwar Wälder auf seinen Gebirgen besitzt, scheint doch das Holz gerade für die Niederungen, in denen sich die Zuckercultur ausgebreitet hat, unzugänglich zu sein, Heber giebt wenigstens an, es werde dort häufig mit Mist geheizt. Man hat deßhalb zu manchen Surrogaten gegriffen, besonders ist es aber die Bagasse, welche als Brennmaterial verwendet wird, die, weil sie nicht zu stark ausgepreßt werden darf, um für diesen Zweck verwendbar zu bleiben, noch einen ansehnlichen Theil Zucker enthält, was sie zu einem ziemlich theueren Feuerungs-Material macht. Wie hoch sich der Werth des Brennmateriales in Westindien belaufen muß, läßt sich am besten aus der Thatsache schließen, daß man es in Jamaica vortheilhaft gefunden hat englische Steinkohlen zu verwenden. Trotzdem sind die Ofen-Einrichtungen sehr unvollkommen. Humboldt giebt an, daß zur Gewinnung von 100 Pf. Rohrzucker nach älteren Einrichtungen 4470 Pf. Brennholz consumirt werden, welches Neumann mit Berücksichtigung des specivischen Gewichtes der verschiedenen Holzarten auf mehr als das Vierfache anschlägt von dem, was in Böhmen zu 100 Pf. Rübenzucker gebraucht wird*). Diese unvollkommenen Heizapparate haben noch den Uebelstand im Gefolge, daß man, um auf der anderen Seite zu sparen, den Zuckerstoff nicht rasch genug erhitzt und dadurch die Gährung fördert, welche eine geringere Ausbeute an crystallinischem Zucker liefert. Selbst bei den verbesserten Heizapparaten werden noch 1708 Pf. Holz verzehrt.

§. 12.

Bisher untersuchten wir den Kostenantheil, welchen Arbeitslohn und Capital bei der Zucker-Erzeugung hatten und wir sahen,

---

*) Neumann S. 77.

daß in diesen beiden Beziehungen die Runkelrübenzucker-Fabrikation meistentheils einen bedeutenden Vortheil vor der Rohrzucker-Fabrikation genießt, anders gestaltet sich aber die Sache bei dem letzten großen Faktor der Production beim Grund und Boden, denn hier finden wir die Tropenländer in doppelter Weise bevorzugt, ein Mal, daß bei ihrer in der Regel schwachen Bevölkerung große Länderstrecken eines Anbaues noch erwarten, woraus ein billiger Kaufpreis des Landes selbst folgt, und zweitens, daß die Fruchtbarkeit und Fülle des tropischen Klimas reichlichere Ernten liefert, der Bewohner der nördlicheren Gegenden manches durch vielfachen Fleiß ersetzen muß, was jenem der südlichen Länderstriche die Natur als freiwillige Gabe darbietet. Wir stoßen hier auf den Grund, der zunächst uns zu einer regeren Entwickelung unserer physischen und geistigen Kräfte angespornt und dadurch zu einer Herrschaft geführt hat, welche wir als die Träger der Civilisation nach den entferntesten Himmelsstrichen ausgebreitet haben.

Der Werth des Landes in Europa kann in folgender Weise angegeben werden*). Es kostet ein englischer Acre (= 1,6 preußische Morgen) in

Böhmen 150 Fl. C. M., also .	1 pr. Mg. 66	Thlr.
Oesterreich 150—160 Fl. C. M.	— 66- 70	"
Würtemberg 256 Fl. rhein.	— 91	"
Preußen 150—170 Thlr.	— 93-100	"
Frankreich 800—1000 Frk. .	— 133-166	"
Belgien 800—1000 Frk.	— 133-166	"
Oderbruch 248—300 Thlr. .	— 150-188	"
Magdeburg 650—700 Thlr.	— 406-437	"
In den Colonien:		
Domingo 10—40 Piaster;	1 pr. Mg. 9-36	Thlr.
Jamaica 3—6 L. St. .	— 13-26	"

---

*) Hagemeister S. 71.

Guyana 4—5 L. St. .	1 pr. Mg.	17-22 Thlr.
Portorico 50 Piaster	—	44 "
Cuba im Durchschnitt 50 höchstens 100 Piaster	—	44-89 "
Barbadoes 100—200 Piaster .	—	437-874 "

Benares 15—25 Schilling Pachtrente, 3—5 Thlr. auf den Morgen, welche Summe bei dem dortigen hohen Zinsfuße nur eine niedrige Kaufsumme repräsentirt.

Goruckpoor 2—6 Schill. Pachtrente, 24 Sgr. — 1 Thl. 6 Sgr. auf den Morgen.

Mit Ausnahme des stark bevölkerten Barbadoes ist die Kaufsumme eines Morgen Landes also um ein sehr Bedeutendes, in der Regel um das Zwei- oder Dreifache in den Colonien geringer als in Europa.

Ebenso finden wir große Unterschiede in Bezug auf den Ertrag des Landes. Ueber die Runkelrüben-Ernten in verschiedenen Gegenden gelten folgende Angaben. Es liefert in

ein pr. Mg. pr. Ctr.

Oesterreich (nach Krause). Ein österreichisches Joch 21,600—30,000 wiener Pf. Rüben *).	107—148
Böhmen (Neumann). Ein österreichisches Joch durchschnittlich 240 Ctr., als reichliche Ernte gilt über 300 **).	118—148
Oesterreich (Burger). Bei guter Kultur und mittlerem Boden ein Joch 350—400 Ctr. an Wurzeln ***).	173—182
Preußen (Lüdersdorf). Ein preußischer Mg. 146 Ctr. †)	146

---

*) Neumann S. 71. 1 Joch = 2,2 pr. Mg. 1 pr. Ctr. = 92 w. Pf.
**) Neumann S. 73.
***) Burger, Landwirthschaft, II. S. 159.
†) Lüdersdorf, die Fabrikation des Runkelrübenzuckers, S. 8.

	ein pr. Mg. pr. Ctr.
Thaer giebt an: „Der Ertrag des Morgens kann, wie ich aus Erfahrung weiß, bis auf 300 Ctr. gebracht werden, indessen ist dies etwas Außerordentliches und man kann selbst auf angemessenem Boden nur 180 Ctr. per Morgen annehmen. Im Magdeburgischen rechnet man, daß jeder Quadratfuß 1 Pf. Rüben gebe, dies beträge auf einem Morgen 235 Ctr. Man muß aber davon auf zufälliges Mißrathen der Rüben ¼ abziehen."*)	180
Frankreich. Nach den Angaben eines Deputirten-Ausschusses im Jahre 1836 erntet man in den nördlichen Departements auf der Hektare 40,000 Kilogr., in anderen Departements 25,000 Kilogr. Rüben. Bezüglich also	198 u. 123
Frankreich (nach **Dumas**). Auf der Hektare 30,000 bis zu 40,000 Kilogr.**).	148—198

Da die Zahlen über den Ertrag des Bodens in den tropischen Ländern so angegeben sind, daß man aus ihnen sogleich erfährt wie viel eine bestimmte Fläche Rohzucker liefert, so müssen wir um eine Vergleichung anstellen zu können obige Werthe in gleicher Weise berechnen. Zunächst erfahren sie zu diesem Zwecke einen Abzug dadurch, daß die gewonnenen Rüben bis sie zur Verarbeitung tauglich sind, von Wurzeln so wie von dem oberen Theile befreit werden müssen. Wir können hier am Besten den Satz von 15 pCt. Abfall zu Grunde legen, der bei der Besteuerung des inländischen Zuckers im Zollvereine gilt und von dem wir sicher sein können, daß er auf einem mäßigen Durchschnitte beruht; behalten wir denn die Ausbeute von 5 pCt. krystallini-

---

*) Thaer, rationelle Landwirthschaft, IV. S. 237.
**) Dumas, Traité de chimie, VI. p. 201.

schen Zucker bei, welche sich oben (S. 35) ergeben hat, so läßt sich der Zuckerertrag in den Runkelrübenländern auf folgende Weise überblicken.

Es liefert ein pr. Mg.

in	nach	Rüben überhaupt pr. Ctr.	Fabrika- tionsf. Rüben pr. Ctr.	Kryſtall. Zucker pr. Pfd.
Oeſterreich	Krauſe	107—148	91—126	500—695
Oeſterreich	Burger	173—182	147—155	810—855
Böhmen	Neumann	118—148	100—126	550—695
Preußen	Lübersdorf	146 (min.)	124	690
Preußen	Thaer	180	153	840
Heidelberger Gegend		120—160	102—136	560—750
Frankreich nördl. Departem.	Deputirtenk.	196	168	925
andere Departem.		123	104	570
Frankreich	Dumas	148—198	126—168	695—925

Bei Weitem reichlicher fallen in den tropiſchen Klimaten die Ernten aus. Es läßt ſich dies nicht anders für jene Länder erwarten, wo man jährlich zwei, ſelbſt drei Mal den Reis und Mais erntet; eine üppigere Vegetation belebt die Aequatorial-Gegenden und läßt herrlichere und größere Gewächſe ſehen, welche in aller Fülle der Farben prangen, neben dem, daß die Vegetation durch keinen Winterſchlaf unterbrochen wird, ſind auch an vielen Stellen, wie an den Küſten Guyanas und Trinidads, die Humusſchätze von Jahrtauſenden in dem Boden aufbewahrt, welche die jetzigen Geſchlechter zu ihrem Vortheile ausbeuten; viele Colonien kennen gar keine Düngung noch weniger einen Fruchtwechſel, der durch glückliche Verbindung von Ackerbau und Viehzucht die Kraft des Bodens zu erhalten ſucht und ihm auf der einen Seite geben muß, was auf der anderen genommen wird, wie es ſich faſt durchgängig in unſeren Himmelsſtrichen nöthig gemacht hat.

Es trägt in:

Bengalen (nach Büsch), 1 Acre 1094—3053 Pf. Rohzucker *).

Ebendaselbst (Backford), 1 Acre 2300 Kilogr. **), dabei bemerkt er, daß der Ertrag das Doppelte des besten Landes auf den Antillen sei.

Vera-Cruz (Ward), 1 Hektare 2800 Kilogr. ***).

Cuba (Masse), 1 Cabelliera Land 870 wiener Ctr. †).

Domingo (Page), 1 Carreau im Durchschnitte 3489 Pf. ††).

Luisiana (Dumas), wo das Rohr ausartet, 1 Hektare 1000 Kilogr., zuweilen 1500, selten 2000—3000 †††).

Martinique (Dumas), 1 Hektare 2500 Kilogr.

Guadeloupe (Dumas), 3000 Kilogr.

Bourbon (Dumas), 5000 Kilogr.

Havanna (Dumas), wo alle günstigen Bedingungen sich vereinigt finden, 6000 Kilogr.

Brasilien (Dumas), 7500 Kilogr.

Brasilien zu Bahia (Martius), auf 1,333,330½ pariser Quadratfuß 44,004 Kilogr.; 100 wiener Pf. auf 59,53 Quadratklaftern.

Machen wir diese Zahlen zur Vergleichung tauglich, berechnen also zunächst darnach den Ertrag eines preußischen Morgens und reduciren denselben, welcher für die ganze Vegetationszeit des Rohres gilt auf ein Jahr, indem wir (nach S. 38) ¼ abziehen, so erhalten wir folgende Zusammenstellung:

---

*) Diese Angaben sind theilweise aus Neumann, S. 103 ff. entlehnt. — 1 Acre = 1,6 pr. Mrg., 100 engl. Pf. = 96,98 pr. Pf.
**) 1 pr. Ctr. = 51,4 Kilgr.
***) 1 pr. Mrg. = 25,5 Aren.
†) 1 Cab. = 50,9 pr. Mrg.
††) 1 Carreau = 1 Hektare.
†††) Dumas, Traité de chimie, VI. p. 211.

Es liefert ein preußischer Morgen in einem Jahre in
Bengalen (Büsch) 497—1387 pr. Pf.
Ebendaselbst (Backford) 2310 " "
Vera-Cruz (Ward) 1155 " "
Cuba (Masse) 1532 " "
Domingo (Page) 541 " "
Luisiana (Dumas) 400—1200 " "
Martinique (Dumas) 990 " "
Guadeloupe (Dumas) 1200 " "
Bourbon (Dumas) 1980 " "
Havanna (Dumas) 2400 " "
Brasilien (Dumas) 3000 " "
Brasilien (Martius) 1320 " "

Kommen auch einige dieser Zahlen dem Ertrage der Runkelrübenfelder gleich, so sind es doch blos die Extreme, welche sich berühren und nur einige sehr begünstigte Gegenden des gemäßigten Klimas, wie z. B. die nördlichen Departements von Frankreich, in denen vor allen auch die Produktion des Rübenzuckers einen lebhaften Aufschwung erfahren hat, können sich mit einzelnen Colonien wie Martinique und Domingo messen. Andere stehen dagegen um ein Bedeutendes zurück und wie sehr diejenigen auch eifern und die Zahlen drehen und wenden mögen, welche, für die einheimische Zuckerproduktion eingenommen, ihre Concurrenz mit der ausländischen als leicht möglich darstellen wollen, so müssen wir doch bei einer unpartheiischen Betrachtung in diesem Punkte die Ueberlegenheit der Tropenländer gegen die nördlichen anerkennen, eine Sache, die ganz aus der physischen Beschaffenheit der verschiedenen Erdstriche folgt und wenn wir sie hie und da anders finden sollten, nur in besonderen Umständen, welche dann Ausnahmsfälle sind, ihren Grund hat. Ebenso gut steht es fest, daß in den früheren Beziehungen, das heißt, was den Antheil von Arbeit und Capital betrifft, wir im Durchschnitte eine Vergünstigung nach dem jetzigen Stande der Dinge voraus haben und diese beiden in verschiedene Wagschaalen fallenden Gewichte bedürfen einer gegenseitigen Abschätzung.

§. 12.

Da wir beim Rohr- und Rübenzucker mit ganz gleichen Stoffen zu thun haben, so beruht die Gewinnung beider im Wesentlichen auf gleichen Grundsätzen, die sich bei dem einen wie bei dem anderen wiederholen, wenn auch hier mehr ausgebildet als dort. Dennoch finden wir im Einzelnen Verschiedenheiten. Letztere werden verursacht sowohl durch abweichende äußere Form, in welcher der Zucker in den Tropen und bei uns wächst, als auch durch die größere oder geringere Concentration des zu gewinnenden Stoffes und die verschiedenen Beimengungen, welche bei der Rübe theilweise ganz andere sind als beim Rohre. Da letzteres eine Schilfart ist und etwa noch ein Mal so viel feste Bestandtheile als die Runkel besitzt, so muß bei ihm auf eine ganz andere Weise der Saft ausgepreßt werden als bei jener. Die darauf bezüglichen Apparate weichen daher von einander ab; während man in den Tropen eiserne canelirte Walzen anwendet, zwischen denen das Zuckerrohr hindurch geführt wird, kann man bei uns die Wurzel erst mittelst Reibmaschinen zerkleinern und dann dem Drucke von Wasserpressen aussetzen. Haben auch die im letzten Falle angewandten Apparate schon eine zusammengesetztere Natur als die im ersteren, so sind doch immerhin die Vorrichtungen so einfach, daß auf keiner Seite wesentlich mehr Kosten als auf der anderen dadurch verursacht werden.

Von größerer Bedeutung dagegen ist der Umstand, daß unser einheimischer Zucker in viel mehr vertheiltem Zustande vorkommt als der ausländische und eine größere Wassermenge verdampft, also mehr Zeit und Brennmaterial aufgewendet werden muß, ehe er eine gleiche Consistenz erreicht hat wie letzterer. Nicht minder hinderlich sind eine Masse in der Runkelrübe enthaltener Salze, welche sorgfältig auszuscheiden sind, um ein gutes

Product zu gewinnen. Nach den Angaben von Dumas*) fand Braconnot in derselben nicht weniger als ein und zwanzig, Dubrunfaut nicht weniger als drei und zwanzig verschiedene Bestandtheile, während die Analysen von Avequin in tropischem schlecht gereinigtem Rohzucker, in Rückständen beim Versieden oder in der Melasse kaum die Hälfte davon nachweisen **). Besondere Schwierigkeiten werden der einheimischen Fabrikation durch einen den eigenthümlichen Runkelrübengeschmack bildenden Stoff verursacht, und erst durch verbesserte Filterirapparate mit thierischer Kohle, sowie durch sorgfältige Deckungsmethoden war es möglich ein dem Colonialzucker gleiches Produkt herzustellen.

Es liegen daher in der Natur unserer Zuckerpflanze selbst Hindernisse, welche eine Vertheuerung des Fabrikations-Verfahrens gegen das bei dem Rohzucker gebräuchliche herbeiführen und verdanken die künstlichen Apparate unserer Industrie auch zunächst einer höher entwickelten gewerblichen Cultur als wir sie in den Colonien finden ihre Entstehung, so sind sie doch ebenso gut durch eine gewisse Nothwendigkeit geboten.

§. 13.

Bei der Bestimmung des Preises, zu dem ein Erzeugniß geliefert werden kann, bilden auch die bei der Fabrikation sich ergebenden Nebennutzungen, ein Moment, welches bezüglich der Uebermacht einer Production über die andere, wenn auch nicht entscheidend, doch jeden Falls modificirend wirkt. Das bedeutendste Nebenerzeugniß für die Tropenländer ist gewiß die Melasse, deren Betrag sich auf 4—5 pCt. (S. 37.) in Westindien, auf bedeutend mehr noch in Folge einer unvollkommenen Verarbeitung in Ostindien beläuft. Diese wird entweder schon dort als schlechtere Zuckerart verwendet oder kommt auch als Syrup zu uns, der Verbrauch davon ist indessen nur sehr beschränkt; außer in der

---

*) Dumas, Traité de chimie, VI. p. 57. 156.
**) Dumas, VI. p. 221. 222. 227.

Pharmacie zur Versüßung gewisser Arzeneien, in der Zuckerbäckerei und als Surrogat des schönen krystallinischen Zuckers für die Armen, findet er nur wenig Anwendung und seine Einfuhr ist gering gegen die des Zuckers in fester Gestalt. So betrug 1842 im Zollvereine

die Einfuhr an festem Zucker 120,853,370 Pfd.
„   „   „   Syrup   2,278,870 „ *).

Man zieht es daher vor, die Melasse in einer anderen Gestalt überzuführen, welche einem größeren Consume unterworfen ist.

Die organische Chemie unterscheidet zwei Hauptklassen der Zuckerarten, gährungsfähigen und nicht gährungsfähigen Zucker. Zur letzteren gehören der Mannazucker, das Glycirrhizin, der Milchzucker, zu ersterer unmittelbar der Stärke- und Fruchtzucker, wahrscheinlich mittelbar erst der Rohr- und zerfließliche Zucker, insofern die beiden sich erst in Fruchtzucker umwandeln müssen, ehe sie in Gährung übergehen können. Es findet dabei die Zerlegung Statt, daß sich aus 1 Atom Zucker 4 Atome Kohlensäure und 2 Atome Alkohol abscheiden 12 C 24 H 12 O = 4 (CO_2) + 2 (4 C 12 H 2 O) oder 100 Theile Zucker geben 48,88 Theile Kohlensäure und 51,12 Theile Alkohol **). Die Melasse, deren wesentlichen Bestandtheil der zerfließliche Zucker bildet, gehört also zu der Klasse von Zuckerarten, welche gährungsfähig sind und man benutzt diese Eigenschaft daraus eine Reihe von Spirituosen zu gewinnen, welche unter verschiedenen Namen, durch den Grad der Feinheit und des Alkoholgehaltes unterschieden, nach Europa gebracht werden. Am meisten bekannt und gesucht davon ist der Rum, mit einem Alkoholgehalte von etwa 50 pCt. In manchen Colonien bildet der letztere einen sehr bedeutenden Ausfuhrartikel, besonders ist es Jamaika, das sich durch

---

*) Dieterici, über die wichtigsten Gegenstände des Verkehres u. s. w. Zweite Fortsetzung 1840—42. S. 131.
**) Mitscherlich, Chemie. II. S. 369.

ein vortreffliches Product auszeichnet und, da es an England einen guten Abnehmer findet, damit einen nicht geringen Theil der Zuckerkulturkosten deckt. Bei einem Preise des Centners Zucker von 30—35 Schilling zahlt man dort für ein Gallon Melasse 1¼ Schilling. Wiegen nun 9¼ Gallon 1 Ctr. und erhält man auf 2¼ Ctr. Zucker 1 Ctr. Melasse, so beläuft sich der Preis der letzteren fast auf ⅛ des Zuckerpreises, welcher Theil von den Kosten der Zuckererzeugung in Abrechnung zu bringen ist*). Bekanntlich wird indessen der Jamaika-Rum und also die Melasse auf Jamaika am meisten geschätzt, es kann also die letzte Berechnung keineswegs auf andere Fälle angewendet werden. Weniger gut bezahlt wird der Rum aus Ostindien und es giebt sogar Colonien, wo die Melasse fast werthlos ist und keinen Theil der Zuckerkosten auf sich nehmen kann. — Auch bei der Runkelzucker-Fabrikation wird der Abfall von unkrystallinischem Zucker nicht unbenutzt gelassen, es ist indessen die Ausbeute davon nur etwa 2 pCt., also um wenigstens die Hälfte geringer wie beim ausländischen Zucker. Der Syrup kommt noch dazu dem aus dem Rohre gewonnenen nicht gleich, denn da er alle die löslichen unkrystallinischen Bestandtheile enthält, welche nicht vor der Deckung des Zuckers weggebracht werden konnten, so hat er noch den eigenthümlichen unangenehmen Rübengeschmack, der in früheren Zeiten auch das krystallinische Product verschlechterte. Sein Preis steht dem ausländischen Syrupe um die Hälfte nach. Aus demselben läßt sich ebenfalls ein alkoholhaltiges Getränke ausziehen; meistentheils begnügt man sich damit, einen schlechteren Branntwein oder Essig zu gewinnen, da es wegen der in der Melasse enthaltenen ansehnlichen Menge des Fuselöles, sowie überhaupt einer Anzahl beigemischter Salze einer vielfachen Reinigung bedarf, ehe man im Stande ist eine Feinheit zu erreichen, welche der des Rums gleich käme. — Aus dem nach der Alkoholbereitung blei-

---

*) Hagemeister, S. 77.

benden Kali haltigen Rückstand von 10—12 pCt., stellte Dubrunfaut im Großen noch Potasche mit Vortheil dar *).

Von anderen Nebennutzungen bei beiden Fabrikationen, steht auf der einen Seite die Verwendung der Bagasse, welche in den meisten Colonien zu Feuerungsmaterial unentbehrlich geworden ist, auf der anderen Seite der Abgang der Rüben an Blättern, an Wurzelabfällen sowie an Preßlingen (d. h. den festen nach dem Auspressen des Saftes übrig bleibenden Bestandtheilen). Es geben diese Materialien, die theilweise noch kleine Zuckermengen enthalten, ein sehr gutes gesuchtes Viehfutter ab und besonders die Preßlinge macht man dadurch für längere Zeit brauchbar, daß man sie trocknet und dann nach Belieben consumirt**). Man erhält etwa 50 Ctr. Blätter vom preußischen Morgen***), 15 pCt. an Wurzelabgängen (S. 50.), 5 pCt. an Preßlingen im trockenen Zustande, wie sich aus der Analyse ergiebt, die Menge der brauchbaren Abfälle ist also ziemlich bedeutend. Bei der Ausdehnung, welche die Viehzucht in unserer Landwirthschaft erfahren hat, ist der daraus hervorgehende Nutzen gar nicht gering anzuschlagen und eine Verbindung der Zuckerproduction mit dem landwirthschaftlichen Gewerbe verspricht am meisten Vortheil, sowie letzterem eine Entschädigung für die in vielen Gegenden weggefallene Unterstützung durch die Branntweinbrennereien. — Auch bei dem Rohre fällt zur Fütterung des Viehes, welches beim Treiben der Zuckermühlen angewendet wird, etwas ab, doch ist es nur der Blüthenbüschel, während Stengel und Blätter zu hart sind um sich dazu verwenden zu lassen und ohnedies hat die Vieh-

---

*) Dumas, VI. p. 207.

**) Bei der Verarbeitung ohne Pressen durch Maceration in Kalkwasser sind die Rückstände zur Fütterung unbrauchbar und dienen nur als Düngungsmittel. Es wird dies durch Schützenbach und Dombasle bestätigt.

***) Nach Burger (Landwirthschaft II. S. 159) vom östreichischen Joch 100 Ctr.

zucht in den tropischen Gegenden gar noch nicht die Wichtigkeit wie bei uns erlangt.

Außer der genannten Benutzung der Runkelabfälle kann man auch sie wie den Syrup, da sie noch Zuckertheile enthalten, zur Branntwein- oder Essigbereitung benutzen. Schon Achard verwandte sie auf diese Weise und gewann aus einem Ctr. Abgang 3 Quart Branntwein, 3 Quart Essig erster Qualität, dem Weinessig gleichkommend, 10 Quart Spühlessig, dem Bieressig gleich. Aus dem ersten Producte stellte er dann durch gehörige Läuterung und die nöthigen Zusätze ⅓ des Maaßes an Rum oder Arac oder ¼ an Franzbranntwein dar*).

Endlich verdient noch die Benutzung der Runkelblätter als Tabacksurrogat, welche nach Achard's Berechnung mehr als die Culturkosten deckt und die Verwendung der festen Wurzel-Bestandtheile als Kaffeesurrogat wenigstens eine kurze Erwähnung, wenn auch diese Nutzungen in der jetzigen Zeit als fast überall aufgegeben von geringer Bedeutung sind.

§. 14.

Nach Anführung aller einzelnen Theile, welche den Preis des Zuckers bestimmen, nach Erörterung also wie sich Arbeit, Capital, Land als Faktoren der Production in den Ländern des Rohr- und Rübenzuckers stellen und welche Werthe als Nebennutzung in Abzug zu bringen sind, käme es nun darauf an, alle die einzelnen Daten zusammen zu fassen, indem wir durch einen Endwerth darthun, wie sich in den verschiedenen Gegenden der Kostenpreis des fertigen Productes stellt. Am genauesten würde es sein, wenn jeder einzelne Posten, der in einem Etablissement in Rechnung kommt, aufgeführt würde; für die Runkelzucker-Fabrikation wäre dies noch am ersten thunlich, weil es uns dabei an den nöthigen Berichten nicht fehlt und wir es auch mit gleichmäßigen Verhältnissen in den verschiedenen Runkelrübenländern zu

---

*) Achard, Nachrichten über die Zuckerfabrik Cunern, S. 34.

thun haben, indessen für die Colonien sind die Zahlen zu abweichend an den einzelnen Plätzen, zu abweichend bei den einzelnen Fabriken, um daraus einen bestimmten Schluß ziehen zu können. Die Schätzungen, welche uns darüber zugekommen sind, können nur als annähernde betrachtet werden und man würde arge Mißgriffe thun, wenn man aus ihnen sich ein Endresultat konstruiren wollte*). — Ein wirklich maßgebendes Resultat ist aber der Marktpreis, zu welchem Zucker in den verschiedenen Erzeugungsorten geliefert wird. Es läßt sich zwar nicht leugnen, daß bei diesem der Rohr- und Runkelzucker einen gegenseitigen Einfluß auf einander üben und daher bei der bisherigen Herrschaft des ersteren die Runkelzucker-Fabrikanten nach ihm den Preis ihres Productes modificiren werden und müssen, somit also ein Bestimmungsgrund des Marktpreises hinzukommt, der nicht in der Natur des Erzeugnisses selbst seinen Grund hat; es kann indessen derselbe nur als ein untergeordneter und für kurze Zeit gültiger bezeichnet werden. Denn auf der einen Seite sind die Fabrikanten nicht im Stande längere Zeit unter dem Kostenpreise zu arbeiten, auf der anderen Seite würde ein bedeutender Gewinn, den die Rübenzucker-Fabrikanten in Folge davon machten, daß sie den Preis ihres Productes beim Steigen des Preises von Rohrzucker erhöhten, die Anlage neuer Etablissements veranlassen und dadurch eine größere Concurrenz ein Gegengewicht hervorbringen. Es giebt daher bei der jetzigen Concurrenz der Colonien unter einander und des Inlandes mit jenen der Marktpreis im Allgemeinen wirklich an, wie billig nach dem jetzigen Stande der Productionsmittel es den einzelnen Erzeugungsländern möglich ist, den Zucker zu liefern.

---

*) Anschläge einzelner Fabriken in Ostindien, Java, Jamaika s. Hagemeister, S. 51. 61. 74. 78.; Dumas VI. p. 233. (der Deputirtenkammer 1836 geliefert). Anschläge über Runkelzucker-Fabriken s. Neumann S. 79. für eine böhmische nach Krause, S. 83. französische nach Crespel. — Achard, Nachrichten über Cunern, S. 31.

Es kostete der Rübenzucker in   1 pr. Ctr.

Frankreich 100 wiener Pfd. 17 Fl. 35 Kr.   11,37 Thlr.
- (nach Debouchage) 18 - 20 -   11,86 -
- (nach Crespel) 13 - 30 -   8,74 -
- (Rau) in den nördlichen Departements 1840, 100 Kilogr. 78 Frc.*)   10,66 -

Böhmen (Krause) mindestens 13 Fl. 2¼ Kr.   8,60 -

Der Colonialzucker in Madras (Roxbourgh), der Candy 16—24 Rupien**)   2,21—2,95 -

Java (Crawford) 1818—1822, 1 Picol bester weißer 5—6½ Piaster   6,10—7,93 -

brauner 4—4¼ - ***)   4,88—5,5 -

Java (Dieterici) der Picol für das Gouvernement†)   3,83 -

Calcutta (Hagemeister) Durchschnitt der Jahre 1827—1840, 1 englischer Ctr. 21 Shl. 11½ Pce.—27 Shl. 9¼ Pce., je nach der Güte††)   7,1—8,6 -

Cayenne (Dumas) 100 Kilogr. 40 Frc.   5,48 -

Guadeloupe (Dumas) 100 Kilogram. 39 Frc. 60 Cent.†††)   5,42 -

Havanna (Hagemeister) 1840, 12. Mai, die Aroba 4½—11 Real, niederer gelber bis weißer   3,5—8,6 -

4. März 1842, 3—11 Real††††)   2,3—8,6 -

---

*) Rau, Pol. Oek. II. §. 214. d.
**) 1 Candy = 250 engl. Pf., 1 Rupie = 20 Sgr. 5¼ Pf. Neumann S. 121. ff.
***) 1 Pikol = 132 pr. Pf. Neumann S. 121.
†) Dieterici, über die wichtigsten Gegenstände des Verkehres u. s. w. Erste Fortsetzung, S. 84.
††) Hagemeister S. 111.
†††) Dumas VI. p. 232.
††††) Die Aroba zu 23¼ pr. Pf., der Real zu 5 Sgr. gerechnet. Hagemeister S. 95.

Vergleichen wir die angeführten Zahlen, so geht klar hervor, daß der Zuckerpreis am Erzeugungsorte selbst in den Colonien sich um ein Beträchtliches billiger stellt als in Europa, daß also ohnstreitig die dortigen Fabrikanten unter viel günstigeren Bedingungen arbeiten als es bei uns der Fall ist. Wenn dennoch der Runkelzucker mit dem tropischen concurrirt, so ist der Grund nicht sowohl in der Fabrikation selbst, als vielmehr in den Kosten zu suchen, welche der Rohrzucker noch auf sich nehmen muß, ehe er auf unserm Markte zum Verkauf kommen kann.

Zunächst liegt ein ganz natürlicher Vertheuerungsgrund in dem Transporte von dem Erzeugungslande bis nach Europa, der nicht blos einen Aufwand an Fracht sondern auch an Einkaufsprovision, Assecuranz, Gratification und dergleichen nöthig macht. Es berechnet sich derselbe: 1 pr. Ctr.

Von den Antillen bis Havre (Hagemeister)
100 Kilogr. 26—28 Frc.*)   3,5 — 3,8 Thlr.
Von den Antillen bis Havre (Rau) 100 Kilogr.
27 Fr.**)   3,7 "
Von den Antillen bis nach Frankreich überhaupt
(Dumas) 100 Kilogr. 31 Frc.   4,2 "
Von Jamaika nach England für die Tonne
4¼ Liv. St.***)   2,4—2,7 "

Die Fracht allein beträgt †):
Von Havannah nach England für die Tonne 3⅞ Liv. St.
"   "   " Bremen "   "   " 4¼ "   "
"   "   " d. Ostsee "   "   " 4½ "   "
"   "   " Frankreich "   "   " 100 Frc.
"   "   " Hamburg "   " Kiste 1 Mrk. Bco.
"   "   " nach d. mittelländischen Meere
    für die Tonne   4—4½ Liv. St.
" Calcutta nach Europa 1837 für die Ton. 3—4 "   "

---

*) Hagemeister S. 95.   ***) Hagemeister S. 95.
**) Rau, Pol. Oek. II. §. 214. d.   †) Neumann S. 44 ff.

An Einkaufsprovision und Versendungskosten rechnet man 3 pCt. vom Werthe des Zuckers, für Assecuranz 5 pCt., Gratification für Ost- und Westindien 15 pCt. von der Fracht; außerdem ist noch ein Zuschuß wegen der Emballage beizufügen, welche bei den letzten Berechnungen nicht in Abzug gebracht wurde und ein Handelsgewinn von etwa 6 pCt. für ein halbes Jahr.

Im Ganzen war der Verkaufspreis des Zuckers in den Häfen Europas folgender:

	1 pr. Ctr.
Havre im Entrepot (Hagemeister) 1843, 100 Kilogr. 62 Frc.*)	8,5 Thlr.
Ebendaselbst (Rau) etwa um dieselbe Zeit, 100 Kilogr. 74 Frc.**)	10,14 "
Frankreich überhaupt (Dumas) 1843, 100 Kil. 71 Frc.***)	9,73 "
Hamburg (Hagemeister) durchschnittlich 1835 bis 1840, 1 englischer Ctr. brauner Brasilianer 21,25 Shl.	7,5 "
weißer Brasilianer 29,83 Shl.	10,3 "
weißer Habannah 38 Shl. †)	13,1 "
London (Hagemeister) durchschnittlich 1835—40 1 engl. Ctr. westindische Muscovade 38 Shl.	31,1 "

Wenn wir für den Preis des Rübenzuckers nicht denjenigen gerade annehmen, welcher von Crespel angegeben wurde und wohl der niedrigste ist, zu dem das fertige Product geliefert werden kann, da ihm jeder Vortheil eines ausgedehnten Betriebes zu Statten kam, so finden wir den Preis des Colonialzuckers in den Häfen etwas billiger als den Rübenzucker; auf der anderen Seite geht aber hervor, daß dieser Unterschied nicht sehr bedeutend genannt werden kann, und daß jede weitere einiger Maaßen an-

---
*) Hagemeister S. 94.
**) Rau, Pol. Oek. II. §. 214. d.
***) Dumas VI. p. 232.
†) Hagemeister S. 109.

sehnliche Bevorzugung des Rübenzuckers durch die Besteuerung dem letzteren bald ein Uebergewicht zu verschaffen im Stande ist. Wenn daher in Frankreich die Colonien einem Zolle von 42¼ und 49¼ Frc. auf 100 Kilogramme unterworfen waren, welches auf den preußischen Centner 5,82 und 6,78 Thlr. beträgt, mithin mehr als die Hälfte von den ganzen Kosten des Zuckers sammt Transport, während die inländischen Fabriken ihn nicht zu tragen hatten, so kann man es begreifen, daß die ersteren sich genöthigt sahen unter dem Kostenpreise zu arbeiten (S. 17.) und wenn die Klagen immer lauter wurden, so muß man anerkennen, daß sie ihre vollständige Begründung hatten. So sehr auf der einen Seite die Fabrikanten der tropischen Länder benachtheiligt wurden, so bedeutender Gewinn fiel auf der anderen Seite den Runkelzuckerfabrikanten zu, daher das schnelle Wachsen der inländischen Zuckerproduction, daher die mannigfachen Bedrängnisse, welche für die Staatskasse daraus entstanden. — Aehnlich gestaltet sich das Verhältniß noch jetzt in dem Zollvereine, denn der Unterschied von 4 Thlr. auf Rohzucker, welchen unsere Fabrikanten vor den ausländischen voraus haben, muß ihnen ein entschiedenes Uebergewicht verschaffen und einen Gewinn, der lockend genug ist um immer neue Fabriken zu begründen und mehr die inländische Zuckererzeugung zu steigern.

§. 15.

Wir sind so zu dem Punkte gelangt, wo sich die Entscheidung nach dem gegenwärtigen Stande der Production in Europa und in den tropischen Ländern geben läßt. Halten wir die Preise fest, zu denen gleiche Quantitäten beider Zuckerarten, ehe sie der Steuer unterworfen wurden, geliefert werden können, so ist in keiner Weise zweifelhaft, daß bei dem jetzigen Steuersysteme der Runkelrübenzucker nicht nur sehr gut neben dem Colonialzucker hergehen kann, sondern daß er sogar bald den größten Theil des Zuckerconsums bilden wird, wenn keine Aenderungen in der Belastung eintreten. In dieser Hinsicht ist also eine Concurrenz mehr wie gesichert. Verstehen wir dagegen unter Concurrenz, was eigentlich darunter verstanden werden muß, eine unter gleicher Begünstigung oder Belastung durch die Steuer, so werden zwar diejenigen Rübenfabrikanten, welche in Bezug auf die einzelnen Productionsmittel zu den begünstigten gehören, gegenwärtig concurriren können — und das Beispiel von Frankreich lehrt dies schon theilweise — einem anderen großen Theile würde es dagegen nur mit Mühe gelingen, wenn nicht überhaupt unmöglich sein. In Deutschland ist es um so schwerer diese Concurrenz zu halten, da sie sich, wegen unserer Unabhängigkeit von Colonien, nicht blos wie in Frankreich auf einzelne, sondern überhaupt auf die sämmtlichen Zucker erzeugenden Tropenländer bezieht.

III.
Was lassen sich für Veränderungen erwarten, welche eine billigere Production auf Seite des Runkel- oder Rohrzuckers herbeiführen könnten? Ist auch in Zukunft eine Concurrenz möglich?

§. 16.

Wesentlich verschieden von der Frage, ob eine Concurrenz gegenwärtig möglich, ist die andere, ob sie auch in Zukunft möglich sei. Es läßt sich in keiner Weise der Zustand der Fabrikation des Runkel- und Rohrzuckers als ein abgeschlossener ansehen, sondern sowohl bei der einen als bei der anderen werden Veränderungen vor sich gehen, welche den Preis des Productes nothwendiger Weise umgestalten müssen. Diese liegen theilweise in ganz äußerlichen Umständen, die modificirend einwirken, ohne daß die Fabrikanten im Geringsten dabei etwas thun können, theilweise kann aber auch durch verbesserte Productions-Verfahren von ihnen selbst der Grund zu billigerer Erzeugung gelegt werden. Es handelt sich also nun darum, auf welcher Seite der streitenden Zuckerarten eine größere Begünstigung durch die Productions-Mittel oder ein größerer Fortschritt in Zukunft zu erwarten sei.

Den **Arbeitslohn** anlangend, so kann sich dieser nur dann ändern, wenn einzelne Bestimmungsgründe, als deren Ergebniß er zu betrachten ist, eine Aenderung erfahren. Als solche fanden wir früher (S. 39) den Werth der Arbeit selbst, die Kosten, welche aufgewendet werden müssen, um letztere möglich zu machen, und endlich das Verhältniß zwischen Angebot und Nachfrage. In der ersten Beziehung kann wohl von einer Veränderung nicht die Rede sein, denn da der Zucker schon jetzt ein überaus geschätztes Product bildet, so ist ebenso wenig eine wesentliche Zunahme, noch weniger eine Abnahme seines inneren Werthes zu erwarten, womit eine Zu- und Abnahme des auf seine Erzeugung verwendeten Arbeitslohnes verbunden sein müßte. Einen wirklichen Einfluß können dagegen die durch den Preis der Lebensmittel bedingten Kosten ausüben. Während nämlich in den meisten Ländern Europas der Stand der Bevölkerung ein solcher ist, daß bei einer Zunahme derselben nur eine Vertheuerung der Lebensbedürfnisse erfolgen kann, welche sich schon jetzt offen genug zeigte, ist dagegen in den westlichen Colonien die Vermehrung der Einwohner nur als eine Vermehrung von nützlichen Arbeitshänden zu betrachten, welche dazu beitragen werden, große unbebaute Strecken zu kultiviren, neue nützliche Gewerbe zu gründen und billigeren Lebensunterhalt zu schaffen. Selbst in Ostindien, wo wir eine dichte Bevölkerung finden, ist wenigstens keine Vertheuerung zu erwarten, da die Bodencultur noch eine große Menge von Vervollkommnungen zuläßt, ehe sie sich mit der unsrigen messen kann.

Anders wird das Verhältniß wirken, welches Angebot und Nachfrage auf den Arbeitslohn ausüben, denn wenn wir den westlichen Erdtheil besonders in das Auge fassen, welcher bis jetzt unser Hauptlieferant für den Zucker ist, so können wir dort nur ein Steigen des Arbeitslohnes erwarten. Bei dem riesenhaften Umschwung, den besonders in diesem Jahrhunderte die vereinigten Staaten genommen haben, ist die Nachfrage nach tüchtigen Arbeitern überwiegend gegen das Angebot, dieselbe wird sich noch mehren, wenn nicht blos die Stofferzeugung sondern ebenso gut die Stoffveredelung allgemein betrieben werden wird, wenn so manche Fabrikate, welche man noch aus Europa bezieht, im Lande selbst erst einmal ihren Ursprung finden. Nur einzelne kleine Inseln Westindiens muß man hier ausnehmen, auf denen die Bevölkerung eine alte schon bedeutend herangewachsene ist. Dahin gehören z. B. Barbadoes, Nevis, Antigua, St. Kitts-, Bermudes-Inseln, deren Einwohnerzahl in Hinsicht der Dichtigkeit die von anderen Inseln wie Trinidad und Jamaika um das Zehn- und Zwanzigfache übersteigt. Auch in Deutschland läßt sich von dem erwachten industriellen Leben erwarten und hoffen, daß es die Nachfrage nach geschickten Händen steigern und eine Erhöhung des Arbeitslohnes zur Folge haben werde, wer wollte aber die Keime, die sich hier nur im Kleinen, wenn auch immer für uns wichtig genug, unter manchen Beengungen durch den civilisirten Staat regen, mit jenen mächtigen Trieben vergleichen, welche ein ganz neu geschaffenes Staatsgebäude, in aller Fülle von jugendlicher Kraft, durchdringen?

Einen wesentlichen Einfluß auf den Arbeitslohn werden die Veränderungen in den Sklavenverhältnissen üben, wie sie theilweise schon vor sich gegangen sind, theilweise noch in Aussicht stehen. Der Sklavenhandel durch die Portugiesen im südlichen Amerika eingeführt, weil sie Arbeitskräfte brauchten, die sie im Lande nicht fanden, wurde lange Zeit von den letzteren ausschließlich als ein einträgliches Geschäft betrieben, später von Regenten, wie Karl V. von Spanien*), Elisabeth von England, Ludwig XIII. von Frankreich, unterstützt, nahmen bald alle christlichen Nationen daran Theil und lieferten Millionen von unglücklichen Schwarzen aus Afrika nach dem neu entdeckten Welttheile. Zuerst trat die fromme Sekte der Quäker im Anfange des achtzehnten Jahrhunderts gegen diesen Menschenhandel auf und durch Vereine mannigfacher Art suchten sie die Idee der Abolition weiter zu verbreiten. Dänemark gebührt der Ruhm zuerst den Sklavenhandel 1803 verboten zu haben, 1805 folgte Amerika, dann schloß sich auch bald England an, wo schon seit längerer Zeit wackere Männer mit Wort und That für diesen Schritt gekämpft hatten. G. Fox, Woolman und Penn brachten schon frühzeitig diesen Gegenstand in Anregung und gaben durch Freilassung ihrer Sklaven ein Beispiel zur Nachahmung, nach ihnen verfochten Wellesley und Sidmouth die Sache im Parlamente weiter, bis es endlich einem Wilbreforce und Ch. J. Fox gelang, durch angestrengten Eifer das Verbot des Negerhandels von 1818 an durchzusetzen. Von der Zeit war es Englands Bestreben auch andere Nationen für Abschaffung des Sklavenhandels zu stimmen; im wiener Congresse sprach man sich theilnehmend dafür aus, mit Spanien, Portugal, den Niederlanden, Frankreich, Neapel, dem deutschen Bunde wurden Verträge geschlossen, nach welchen den Kriegsschiffen das gegenseitige Durchsuchungsrecht der Kauffahrer eingeräumt wurde; 1824 verboten Mexiko und die Republik La Plata die Sklaveneinfuhr. Die durchgreifendste Maßregel im Interesse der Menschlichkeit geschah aber von Englands Seite dadurch, daß es nach der Parlamentsakte vom 27. August 1833 durch eine an die Pflanzer gezahlte Entschädigung von zwanzig Millionen L. St. allen Sklaven englischer Colonien die Freiheit erkaufte. Die Kin-

---

*) Er verlieh seinem Günstlinge, dem Marquis de la Bresa das Privilegium jährlich 4000 Sklaven nach St. Domingo, Cuba, Portorico und Jamaica zu bringen; später wurde es um 25000 Dukaten an genuesische Kaufleute abgetreten.

der unter sechs Jahren waren von 1834 an frei, die Erwachsenen hatten noch bis 1838 (Hausfklaven) und 1840 (Feldfklaven) eine Lehrlingszeit auszuhalten. — Noch besteht zwar auf einem großen Theile der westindischen Inseln die Sklaverei, auf allen außer Haiti und den englischen Besitzungen, denn wenn auch die Staaten die Sklaveneinfuhr verboten, so sprachen sie damit doch noch nicht die Freilassung aus, allein gewiß wird die Menschlichkeit über lang oder kurz dieses Verhältniß in den civilisirten Staaten endlich zu Schande machen. Auch ganz einfache practische Rücksichten erfordern dieß, denn da der englische Boden den Sklaven frei macht, so hören wir von vielfachen Desertationen, die nach den brittischen Colonien geschehen und dadurch den Besitz eines Sklaven an manchen Punkten sehr unsicher stellen. Nach Berichten über die kleine dänische Insel St. Juan entflohen in den letzten Jahren siebzig Neger nach dem englischen Tortola, welches bei einer Entfernung von ¼ Meile leicht durch ein schlechtes Bot erreicht werden kann*). Es läßt sich dem auch nur dadurch vorbeugen, daß man entweder sogleich dem Beispiele Englands folgt oder wenigstens einen Uebergang trifft, indem man den Unfreien durch eine mildere Behandlung die Ketten weniger drückend macht und ihnen ein Mittel an die Hand giebt, sich bei angestrengtem Fleiße ihre Freiheit erkaufen zu können. So findet es z. B. auf der einen dänischen Insel St. Croix Statt, wo sich zwischen Herrn und Sklaven oft ein patriarchalisches Verhältniß gebildet hat, letzteren mancherlei Gelegenheit zu einem Nebenverdienste gegeben ist, woraus sie sich ein kleines Capital für Befreiung ihrer eigenen Person oder ihrer Kinder ersparen können, sogar eine Reihe von Schulen für die Bildung der Unfreien sorgt**). Hier erscheint das Verhältniß nicht in so schwarzen Farben, wie man es sich gewöhnlich auszumalen pflegt und es

---

*) Rau, Archiv für politische Oekonomie. Neue Folge, VI. S. 386. Hanssen, über die dänisch-westindischen Colonien.

**) Rau, Archiv. N. F. VI. S. 307.

ist ein Uebergang getroffen, der endlich zur Freigebung der Neger führen muß.

Mit der Aufhebung der Sklaverei ist aber nothwendig eine Vertheuerung des Arbeitslohnes verbunden. Die freigelassenen Schwarzen haben selten Lust in der früheren Weise thätig zu sein, ein natürlicher Hang zur Trägheit läßt sie nur so viel thun als sie zu ihrem Unterhalte nöthig haben, oder wenn sie wirklich arbeitsam sind, so suchen sie sich wo möglich einen eigenen Hof zu verschaffen und entziehen sich ihrem früheren Herrn und der Plantagenarbeit überhaupt. Der Drang nach Unabhängigkeit ist dem Menschen zu sehr eingeboren als daß er nicht die Gründung eines eigenen Heerdes einem Verhältnisse vorziehen sollte, welches ihm stets an die alten Fesseln erinnert. Nach Stanley's Bericht im Unterhause hatten 1841 auf Jamaika schon 7848 frühere Sklaven Grundeigenthum erworben. Daher kam es auch, daß viele Staaten Amerikas sich hartnäckig gegen Aufhebung des Sklavenhandels und noch vielmehr gegen Sklavenfreilassung erklärten. Sie sahen darin den Untergang ihrer Plantagenbesitzungen und der ganzen bis jetzt herrschenden Bodenkultur. Die Provinzen Maryland, Virginien, Süd-Carolina, Georgien haben die Sklaverei als nothwendig beibehalten, in Luisiana wurde 1834 wieder die Einfuhr aus benachbarten Staaten erlaubt, in Missuri gab man sogar 1837 das Gesetz, daß wer gegen die Sklaverei schriebe, selbst Sklave werden solle. Es war der englischen Regierung unmöglich den Sklavenhandel zu verhindern und selbst in den eigenen Colonien wurden die Klagen über Vertheuerung des Arbeitslohnes durch Aufhebung der Sklaverei und die Unmöglichkeit mit anderen Ländern zu concurriren in den letzten Jahren so laut, daß sie sich genöthigt sah, die Zufuhr von afrikanischen Negern zu erlauben, welche freiwillig in eine Uebersiedelung stimmen, eine Maßregel, die von der einen Seite als eine Wiederherstellung des Sklavenhandels verschrieen, von der anderen als ein Befreiungsakt der unglücklichen Schwarzen Afrikas gepriesen wird. —

Wie viele Schwierigkeiten dem Befreiungswerke aber auch im Wege stehen mögen, so wird doch der Gedanke des Menschenhandels und der Menschenknechtung in den civilisirten Staaten mehr und mehr verhaßt werden und die vielfachen Bestrebungen, welche schon glänzende Erfolge errungen haben, das begonnene Werk auch wirklich zu Ende führen.

Aus diesen Erscheinungen ergiebt sich, daß in Zukunft für die Zucker-Fabrikanten Westindiens gegen die Europas eine Vertheuerung des einen Faktors der Production, der Arbeit, in Aussicht steht. In Ostindien dagegen, wo die Verhältnisse ganz andere sind, kann man bei dem schon so niedrigen Arbeitslohne zwar auf keine Verminderung ebenso wenig aber auf ein rasches Steigen des Lohnes schließen, welches das relative Verhältniß zwischen dem dort und in Europa herrschenden im Wesentlichen verändern würde.

§. 17.

Eine andere Wahrnehmung machen wir mit der Capitalrente. Bei uns, wo in einer Reihe von Friedensjahren der Zinsfuß allmälig herabgegangen war, stellt sich in der Neuzeit aus mehrfachen Erscheinungen aus dem Steigen des Diskontos, aus dem Fallen der Staatspapiere und Eisenbahn-Actien und endlich aus einer Erhöhung des Zinsfußes bei Darlehen deutlich heraus, daß eine Vertheuerung des Capitales vor sich geht. Es ist dies auch sehr erklärlich, wenn wir bedenken, welche Summen die Meliorationen des Landbaues, das Auftauchen oder sich Heben einer Menge von Industriezweigen, die Vergrößerung der Handelsunternehmungen, die ausgedehnten Eisenbahnbauten für sich in Anspruch nahmen. Gewiß sind wir auch noch nicht auf dem Punkte angelangt, wo die Fortschritte der Production ihr Maximum erreicht hatten und auch für die Zukunft läßt sich voraussehen, daß die Nachfrage nach angesammelten Werthen in rascheren Schritten gehen wird als die Ansammlung selbst, daß also das bemerkte Steigen nicht zum Stillstand gebracht werden kann und die Zeit der Finanzkrisen noch nicht vorüber ist. Gerade die entgegengesetzte Erscheinung müssen wir für die Länder jenseits des Meeres erwarten. In Amerika war bisher das Fortschreiten jeder Industrie so gewaltig, daß der Zinsfuß schon auf eine sehr bedeutende Höhe getrieben wurde (S. 43.). Zwar wird auch in Zukunft dieses Fortschreiten immer noch beträchtlich genug sein, allein bei der jetzt schon erreichten gewerblichen Stufe kann unmöglich die Progression, in welcher dasselbe vor sich ging, zunehmen, im Gegentheile muß allmälig eine Verringerung desselben eintreten und mit einem fleißigen Ansammeln von Capital wird nicht blos eine Vermehrung der absoluten, sondern eben so gut in Bezug auf die Anlagegelegenheit der relativen Menge verbunden sein. Am meisten treibt der hohe Zinsfuß schon zu einem eifrigeren Sparen an, als es bei uns der Fall ist; eine weitere Aussicht ist aber durch die Aufhebung der Sclaverei eröffnet, worauf Roscher in seinen Untersuchungen über das Colonialwesen*) gewiß mit Recht hindeutet. Bisher konnten sich die Plantagen-Besitzer nie heimisch in den Colonien fühlen, sie haben sich meistens dort nicht ihr Vaterland gegründet, sondern suchen nur einen möglichst großen Gewinn zu ziehen, um später mit den erworbenen Schätzen nach ihrem Geburtslande zurückzukehren. Am deutlichsten wird dies durch den Umstand bewiesen, daß es im holländischen Guyana zu Ende des vorigen Jahrhunderts nur achtzig, in einem der reichsten Bezirke Jamaikas mit achtzig Gütern nur drei Eigenthümer gab, die wirklich ihren Wohnsitz dort aufgeschlagen hatten. Dies wird aber nicht mehr Statt finden, sobald sich erst aus den Eingeborenen selbst eine größere Klasse von Grundherrn gebildet hat, denn diese besitzen dort ihr Vaterland und werden, weit entfernt die angesammelten Werthe aus dem Lande wieder herauszuziehen, vielmehr dieselben der dortigen Production überlassen. Eine ähnliche Vermehrung der Grundbesitzer und Capitalisten muß

---

*) Rau, Archiv. N. F. VI S. 18.

für die ostindischen Colonien eintreten, sobald sie eine größere Selbstständigkeit erreicht haben und nur auf die spanischen Antillen findet das Gesagte keine Anwendung, da sich dort wirklich schon ein Stamm von weißen Kaufleuten gebildet hat. Die freie Bevölkerung betrug 1830 in Cuba 64 pCt., in Portorico 70 pCt., im brittischen Westindien 30 pCt, im französischen 19 pCt. und darunter waren in Cuba drei Mal mehr Weiße als Farbige, in Portorico 4 Mal mehr, während sie in den dänischen und französischen Colonien nur 1/10, in den brittischen 1/7 der Bevölkerung ausmachten *).

Im Ganzen läßt sich also mit Sicherheit annehmen, daß die beiden Geschwindigkeiten der Capitalisirung und Productionsvermehrung in den Tropenländern sich einander nähern werden und daß während für eine dortige billigere Zuckergewinnung die künftige Gestaltung des Arbeitslohnes wenig versprechend ist, auf der anderen Seite ein größerer Beistand des Capitales das Entgegengesetzte hoffen läßt, wenn auch anerkannt werden muß, daß die Erhöhung des Lohnes einen größeren Einfluß übt als die Erniedrigung des Zinsfußes. Diese Umstände widersprechen sich auch in keiner Weise und man würde arg fehl greifen, wenn man von einer Erniedrigung des Zinsfußes auch auf eine Erniedrigung des Arbeitslohnes schließen wollte. Beide Werthe verändern sich in der Regel nach entgegengesetzten Seiten**), denn sobald ein Volk Capitalien angesammelt hat und überhaupt die Fähigkeit für industrielle Fortschritte besitzt, so wird es auch die ersteren durch productive Anlage zu verwerthen suchen. Dazu bedarf es aber die Hülfe der Arbeit, welche erst das Ersparte in Anwendung bringen kann und in Folge davon eifriger gesucht wird.

§. 18.

Gehen wir zu dem dritten Productionsmittel, zu dem Grund und Boden über und erörtern was sich von der künftigen Ge-

---

*) Hagemeister S. 33.
**) Rau, Pol. Oek. I. §. 232.

staltung seines Preises bei uns und in den Colonien erwarten läßt, so muß unterschieden werden, wie sich die Verhältnisse in Bezug auf den Kaufpreis, so fern er besonders durch Nachfrage und Angebot geregelt wird und wie sie sich in Bezug auf die künftige Ertragsfähigkeit desselben ändern werden. Sowohl in Deutschland als in den Colonien muß bei fortschreitender Bevölkerung ein größeres Bedürfniß nach Grund und Boden entstehen. So lange nun ein ansehnlicher Theil des Landes noch uncultivirt ist, wie wir es auf dem Continente von Amerika und einem Theile der Inseln finden, so kann einer Vermehrung der Nachfrage dadurch genügt werden, daß man neue Länderstriche zum Anbaue heranzieht und also auch auf der anderen Seite das Angebot in demselben Maße sich mehren läßt. Unter solchen Verhältnissen wird das Steigen des Kaufpreises, der sich an einzelnen Orten zeigt, nicht sowohl dadurch verursacht, daß das Verhältniß zwischen Angebot und Nachfrage in Bezug auf Länderei überhaupt sich ändert, sondern daß Grund und Boden von bestimmter Beschaffenheit und Lage gesucht wird, dessen Menge natürlich bald beschränkt sein muß. Im Allgemeinen aber ist nur ein langsames Steigen möglich, da das Angebot gleichsam elastisch sich ausdehnt, je nach der pressenden Kraft und eine übermäßige Höhe des Kaufwerthes wird um deswillen nicht Statt finden, weil dann ein großer Theil der Grundbesitzer es vorziehen wird, von dem hohen Preise der Grundstücke zu gewinnen und sich lieber in Gegenden mit billigeren Bodenpreisen niederzulassen. — Ist aber erst der Punkt erreicht, wo alles culturfähige Land bearbeitet wird, dann ändert sich der Gang der Dinge, denn nun übt nicht blos hauptsächlich der absolute Werth der Grundstücke seinen Einfluß, sondern besonders mächtig wirkt auch das Verhältniß von Angebot und Nachfrage und wenn man der letzteren nicht wie früher dadurch nachgeben kann, daß man neue Strecken urbar macht, so muß man sie durch ein Steigen des Preises eindämmen, um das gehörige Gleichgewicht zu erhalten. In Ländern, in welchen die Grenze des Angebotes erreicht ist, wird deshalb bei zunehmender Bevölkerung ein rascheres Steigen der Grundstücke bis zu einem bestimmten Punkte hin Statt finden, als in solchen, wo die Grenzen des Angebotes sich noch erweitern können. Ersteres findet bei uns Statt, letzteres in Amerika und einem großen Theile der Colonien überhaupt, es werden also diese in Bezug auf den künftigen Beistand des Bodens eine Begünstigung voraus haben.

Weniger allgemein läßt sich etwas über Erhöhung der Ertragsfähigkeit des Landes aussagen. In den Runkelzuckerländern und namentlich Deutschland hat die rationelle Landwirthschaft seit ihrer Begründung durch Thaer vielfache Anwendung gefunden, es sind bedeutende Fortschritte gemacht, der Ertrag des Bodens fast überall um ein Bedeutendes gesteigert worden. Zwar giebt es noch im Norden und Osten ausgedehnte Länderstrecken, bei denen Meliorationen in großem Maaßstabe Statt finden können, allein gerade in denjenigen Theilen Deutschlands wo die Runkelzuckerfabrikation ihren Sitz aufgeschlagen hat, in der Provinz Sachsen, Schlesien und in einzelnen süddeutschen Staaten ist bei zunehmender Bevölkerung die Ertragsfähigkeit des Bodens durch künstliche Mittel so weit geschraubt worden, daß in Zukunft nur eine mäßige Erhöhung derselben eintreten kann. Zwar wird eine solche gewiß eintreten — denn wer wollte bei der Ausbildung, welche die Naturwissenschaften in unseren Tagen erfahren, an einem anhaltenden Fortschritte zweifeln — das Maaß der Schnelligkeit derselben muß indessen bei Weitem gegen das in solchen Ländern zurückstehen, welche ein theilweise noch ganz unentwickeltes oder überhaupt gar kein landwirthschaftliches System befolgen. Die Colonien zeigen uns ein doppeltes Bild; ein Theil, aber der kleinere, der noch eine junge Bevölkerung trägt, prangt in der Fülle der tropischen Fruchtbarkeit, eine große Schichte von Dammerde, die zuweilen eine Höhe von 140 Fuß erreicht, enthält die Schätze von Jahrtausenden aufgehäuft, schöne bewaldete Gebirgsrücken durchziehen das Land und versehen es mit Regen und Quellen; dort hat man eigentlich nichts zu thun als der Natur immer abzufordern, man kennt keine Düngung und die ganze Cultur ist ein wahrer Raubbau zu nennen. Zu diesen gesegneten Himmelsstrichen gehören z. B. die Inseln Trinidad, Portoriko, Stücken von Cuba, Guyanas Küste. Dagegen giebt es einen anderen und den größeren Theil, auf dem schon seit längerer Zeit die Hand der Eroberer thätig gewesen und die Schätze gehoben hat, welche hier zu finden waren, wie sie es dort noch immer sind; durch einen anhaltenden Rohrbau wurde der Humus ausgezogen und in der Form des Zuckers für die Menschen dieses und jenes Welttheiles nutzbar gemacht, die Wälder mußten unter dem Beile fallen um als Brennstoff verwendet zu werden. Hier hat sich allmählich eine Abnahme der Fruchtbarkeit gezeigt, die Pflanzungen müssen öfter erneuert werden, man sieht sich genöthigt dem sonst unermüdlichen Boden Zeiten der Ruhe zu gönnen und sogar durch eine Unterstützung durch Dünger manches Genommene wieder zu ersetzen. Zu dieser Art Colonien gehören Ostindien, wo das Gebiet des Ganges und Indus von je her der Sitz zahlreicher Völkerschaften gewesen ist und ein großer Theil der amerikanischen Colonien. Besonders hat in Jamaika die Fruchtbarkeit bedeutend abgenommen; gleiche Nachrichten kommen uns von den dänischen Besitzungen zu. Während zu St. Croix der Acre 1815—24 noch 1115 Pfd. Zucker lieferte, ist der Ertrag jetzt bis 1000 Pfd. gefallen, und selbst angewendete Düngung ist nicht im Stande denselben wieder auf die frühere Höhe zurückzuführen *).

Die Aussicht auf eine zukünftige Ertragsfähigkeit des Bodens gestaltet sich daher sehr verschieden, während in den Länderstrichen der ersten Art bei fortgesetzter Ausbeutung eine Verminderung eintreten muß, läßt in denen der zweiten eine bessere Oeconomie und die Einführung eines regelmäßigen landwirth-

---

*) Rau, Archiv. N. F. VI. S. 275.

schaftlichen Systemes wieder die Erhöhung des Ertrages hoffen. Wie viel in dieser Hinsicht noch gethan werden kann, erhellt deutlich aus der Unvollkommenheit, in welcher sich auf allen Colonien die Viehzucht befindet. Es steht diese in keiner Weise im Verhältnisse mit den Ackerflächen und es werden sogar aus Europa Düngermaterialien wie Quantitäten getrockneten Blutes, Hautabfälle u. s. w. nach Westindien verschifft. Ebenso wenig ist eine geregelte Fruchtfolge eingeführt. Diese kennt man entweder gar nicht und wechselt blos zwischen Rohrbau und Brache oder sie ist in hohem Grade mangelhaft. Selbst die mechanische Bearbeitung des Bodens muß sehr unvollkommen sein, da wir von einzelnen Inseln hören, daß dort der Pflug noch keine allgemeinere Verbreitung gefunden habe, also der Ackerbau sich noch auf der niedrigsten Stufe der Cultur befindet.

Wie von einer besseren Feldwirthschaft läßt sich auch von einer besseren Forstwirthschaft, die wieder einen Theil der Wälder heranzuziehen und dann regelmäßig abzutreiben sucht, eine billigere Production in Zukunft erwarten, indem dann die theure Einfuhr fremder Heizstoffe oder die Verwendung der Bagasse durch Herbeischaffung einheimischer Brennmaterialien eine Beschränkung erfahren kann.

Für den größten Theil der Colonien müssen wir also von dem Beistande des Bodens zur Production, da sich der Preis desselben nur sehr allmälich und langsamer als in Europa steigern wird, die Ertragsfähigkeit meistens aber erhöht werden kann, schließen, daß er nur zu einer billigern Fabrikation in der Zukunft beitragen wird.

§. 19.

Den entschiedensten Einfluß muß aber die Fabrikationsweise im Ganzen, das heißt die Verbindung der einzelnen Productionsmittel, äußern, denn gerade hier finden wir den Spielraum, welcher in den Colonien und in unseren Ländern zu Verbesserungen gelassen ist, wesentlich verschieden von einander und die Productionsweise hat hier schon einen ganz anderen Grad der Vollkommenheit erreicht als dort. Da wir in der Industrie immer ein gleichmäßiges Fortschreiten im Ganzen wahrnehmen und die Entwickelung eines Zweiges die Entwickelung des anderen zur Folge hat, so liegt es in der Natur der Sache, daß in den civilisirtesten Ländern Europas, wo die Stufe der gewerblichen Ausbildung eine hohe zu nennen ist, auch dieser eine Zweig, die Zuckerproduction, nicht hinter allen anderen zurückblieb. Eine Menge der hier eingeführten sinnreichsten Apparate, welche sich beim Runkelzucker sowohl auf Gewinnung als auf Raffination beziehen, thun dies hinlänglich kund. Die Industrien unterstützen sich immer gegenseitig, und so heterogen die einzelnen erscheinen mögen, so unverkennbar ist doch der Einfluß, den die eine unmittelbar oder mittelbar auf die andere ausübt. Umgekehrt müssen wir aber auch für die Colonien auf den Schluß kommen, daß weil dort von einer Höhe der industriellen Cultur in keiner Weise die Rede sein kann, im Gegentheile fast alle Gewerbe noch am Ausgangspunkte stehen, dieser eine Industriezweig nicht eines solchen Fortschrittes fähig war als unter günstigeren Umständen bei uns. Ein nicht unwesentlicher Grund einer geringeren Entwickelungsstufe der Zuckerindustrie in den Tropenländern liegt auch in der stiefmütterlichen Behandlung, welche sie lange Zeit hindurch von den Mutterländern erfuhren und theilweise noch erfahren, denn die letzteren hielten es in ihrem Interesse geflissentlich jede Neuerung und Verbesserung von den Colonien abzuwehren um sie in desto größerer Abhängigkeit zu erhalten und ihre mögliche Concurrenz zu verhindern. Die Zuckercultur ist zwar eine alte und wir können von ihr eine verhältnißmäßig größere Entwickelung vermuthen als bei anderen Gewerbszweigen, dann waren auch einzelne Theile der Tropenländer bei Entstehung des Rübenzuckers, der in Frankreich als ein starker Concurrent auftrat, genöthigt zu einem besseren und billigeren Verfahren zu greifen — trotzdem sind die Neuerungen nur einzeln geblieben und im Grunde ist die jetzige Verfahrungsweise von der früheren wenig verschieden. Nur auf den englisch-westindischen Colonien so wie auch auf Java haben bessere Maschinen Eingang gefunden, während auf den anderen die Art wie das Zuckerrohr gepreßt und und der gewonnene Saft versotten wird, im hohen Grade unvollkommen zu nennen ist. Am meisten zeichnet sich wohl Ostindien zum Nachtheile aus, wo eine Menge von Kleinpächtern den Rohrbau und die erste Saftgewinnung in den Händen haben. — Die Einführung besserer Maschinen, wozu ein ansehnliches Capital erfordert wird, läßt sich besonders von dem früher angeführten Umstande erwarten, daß sich allmälich ein größerer Stamm von einheimischen Capitalisten bilden werde; die Folge davon muß aber nicht blos ein reichlicheres und besseres Product sein, sondern auch die Ersetzung der theilweise kostspieligen, rein mechanischen Arbeit durch Naturkräfte, wodurch einer Vertheuerung vorgebeugt werden kann, die durch den steigenden Arbeitslohn in Aussicht steht.

Wie viel im Allgemeinen von möglichen Verbesserungen der Fabrikation zu erwarten ist, läßt sich am Besten dadurch beurtheilen, daß wir das schon erzielte Resultat mit dem vergleichen, was sich überhaupt erreichen läßt.

§. 20.

Von 90 pCt. in dem Rohre enthaltenen Safte wurde in einzelnen Colonien 60 pCt. ausgepreßt (S. 31.), in Ostindien erreichte sogar die Ausbeute nicht ein Mal diese Zahl und betrug weniger als die Hälfte des überhaupt vorhandenen Saftes. Hier tritt besonders scharf heraus um wie viel das jetzige Resultat gegen ein überhaupt mögliches zurücksteht. Die Erreichung desselben hat zwar manche Schwierigkeiten und besonders finden wir eine darin, daß wegen herrschenden Mangels an Brennmaterial das Rohr dazu benutzt wird und um zu diesem Zwecke nicht untauglich zu werden eine gewisse Consistenz behalten muß, dadurch ist aber die geringe Ausbeute an Saft noch nicht gerechtfertigt und es läßt sich in keiner Weise annehmen, daß durch Aufgabe einer so bedeutenden Menge nutzbaren Stoffes das Brennmaterial erkauft werden müsse. Auf der einen Seite lassen die Heizapparate vielfache Verbesserungen und demnach eine Ersparniß an Bagasse zu, auf der anderen können die Colonien dem Mangel an Brennmaterial durch bessere Waldwirthschaft zum Theile abhelfen oder, so fern es nur daran liegt, daß die holzreichen Gegenden nicht zugänglich sind, durch Verbesserung der Wege und Transportmittel. Der Hauptgrund, daß in vielen Colonien so wenig Saft gewonnen wird, ist nicht sowohl darin zu suchen, daß es sich nothwendig macht, als vielmehr in den höchst unvollkommnen Preßapparaten, deren man sich meistens bedient. In Ostindien sind die Vorrichtungen von der Art, daß sie von einem Felde zum anderen gebracht werden können, um den weiten Transport des Rohres zu vermeiden*). Sie bestehen aus einem Mörser, in den man die zerschnittenen Rohrstücke wirft um sie von einer Stampfe verarbeiten zu lassen, welche durch Ochsen oder auch Menschen umhergeführt wird; oder man hat vertikale Cylinder, welche von Arbeitern bewegt, das Rohr zwischen sich auspressen; selbst die horizontalen canelirten in anderen Colonien allgemein angewendeten Walzen, von denen die erste und zweite weiter auseinander steht als die zweite und dritte, und die einen bedeutenden Druck auf das durchgesteckte Rohr ausüben, sind doch nur so mangelhafte Apparate, daß in dieser Beziehung noch viele Verbesserungen möglich sind. Wenn man auch berücksichtigt, daß die feste Struktur des Rohres einen größeren Theil des Saftes zurückhalten muß als es verhältnißmäßig bei der Runkelrübe der Fall ist, wo die ganze Wurzel erst zu einem Breie zerkleinert wird, ehe sie die Pressung erfährt und wenn man auch daran festhält, daß die Bagasse als Brennmaterial verwendbar bleiben

---

*) Dumas, Traité de chimie, VI. p. 213.

muß, so kann man doch mit Sicherheit annehmen, es läßt sich eine Erhöhung des Saftgewinnes bis zu 65 pCt. mit nicht großen Schwierigkeiten ermöglichen. Darnach wird aber für die meisten westindischen Colonien sich ein Mehrertrag von 15 pCt. an Saft ergeben, oder anstatt 10 pCt. Zucker (S. 31.) würde ein Gewinn von 13 pCt. eintreten, ein Unterschied, der von der größten Bedeutung ist und sich in Ostindien, wo bis jetzt am wenigsten Saft ausgepreßt wird (in Bengalen etwa nur 35 pCt.) bis 6 pCt. beläuft. Solche wesentliche Erhöhung der Ausbeute läßt sich von der inländischen Zuckerfabrikation nicht erwarten. Die Preßapparate, starke Wasserpressen, welche in den meisten Rübenzuckerfabriken angewendet werden, sind so vollkommen eingerichtet, daß man annehmen darf der jetzige Ertrag ist nicht allzufern von dem überhaupt zweckmäßiger Weise erreichbaren. Manche Fabrikanten gewinnen wohl noch etwas mehr als den früher angeführten Durchschnittssatz von 75 pCt., Crespel preßte, wie schon früher (S. 29.) angeführt, sogar 85 pCt., nimmt man aber auch einen Augenblick an, die Saftausbeute könne bis zu diesem Punkte mit Vortheil gesteigert werden, so beträgt der Mehrertrag doch nur 10 pCt., während beim Rohre ein Mehrertrag von 15—30 pCt. in Aussicht steht, der sich noch dadurch erhöht, daß der Saft des letzteren viel zuckerreicher ist als der Rübensaft. Diese um 10 pCt. größere Ausbeute wird aber nicht ein Mal eintreten, weil es schon jetzt den Fabrikanten wohl möglich wäre dieselbe zu erreichen, sie aber um deßwillen von ihnen vernachläßigt wird, weil das erzielte Resultat nicht lohnend ist für die beim Auspressen der letzten Saftantheile nöthige Kraft und Zeit, welche bedeutend größer sein müssen als bei den ersten.

§. 21.

Nicht geringere Fortschritte als in Bezug auf die Saftgewinnung, sind auch in einem bedeutenden Theile der Colonien in Bezug auf eine größere Ausbeute an krystallinischem Zucker möglich. Die natürlichen Schwierigkeiten, welche sich für die Tropenländer dadurch darbieten, daß der Saft bei der dort herrschenden hohen Temperatur sogleich nach dem Auspressen in Gährung übergeht, hat die Producenten keineswegs immer angetrieben, einer raschen Versiedung die gehörige Aufmerksamkeit zu schenken. Vergleichen wir einen Howard'schen in unseren Fabriken eingeführten Siede-Apparat mit dem eines Hindu, aus einem irdenen Topfe bestehend, in welchem der Saft über freiem Feuer zu Ghoor bereitet wird, so fällt der Abstand recht in die Augen, welcher zwischen der Fabrikationsweise hier und dort Statt findet. Der so mangelhaft eingedickte Saft wird in Indien in Schläuche oder irdene Gefäße gefüllt und an die Fabrikanten verkauft, bis zu welchen er durch den Transport eine abermalige Verkürzung an krystallisationsfähigem Zucker erfährt, und dann erst einer besseren Behandlung unterworfen. Die Folge davon ist die, daß sich das Verhältniß zwischen krystallinischem und unkrystallinischem Zucker, bei uns wie 5 : 2, dort wie 4 : 12 stellt. In Westindien ist zwar die Verfahrungsweise nicht so unvollkommen, und besonders haben dort in den englischen, spanischen und französischen Besitzungen die besseren europäischen Siedeapparate Eingang gefunden, demungeachtet sind diese Verbesserungen noch anderen Theilen der amerikanischen Colonien vorbehalten und überall erleidet der Saft bis er zum Versieden kommt einen ansehnlichen Verlust, dem durch eine schnellere Behandlung als es bisher Statt fand zum großen Theil noch abgeholfen werden kann, so daß sich das Verhältniß von gleichen Theilen krystallinischen und unkrystallinischen Zuckers, wie es für Luisiana und Brasilien gilt, in Zukunft einer viel günstigeren Gestaltung fähig ist.

Diese ist besonders davon zu hoffen, daß die Zuckergewinnung nicht blos von Einzelnen in großem Maaßstabe in Zukunft betrieben werde, sondern daß sich die Fabriken mehr in dem Lande vertheilen und dadurch der weitere Transport von dem Acker bis zur Mühle wegfällt oder die unvollkommenen transportabelen Preßapparate durch bessere stehende ersetzt werden.

Bei der Zuckerfabrikation aus Runkelrüben, wo von 7 pCt. Zucker schon jetzt 5 pCt. im krystallinischen Zustande erhalten werden, läßt sich nur ein geringer Mehrertrag durch verbesserte Behandlungsweise erzielen, denn da beim Versieden einiger Verlust unvermeidlich, abgesehen davon ob sich schon in der Rübe selbst der Zucker umändert, und der Punkt allen Zucker in krystallinischer Form zu gewinnen in der Praxis nie ganz erreicht werden kann, so stände höchstens die Steigerung um etwa 1 pCt. in Aussicht, welche sich nicht mit dem vergleichen kann, was wir von den Colonien anführten.

Mag auch immer für die letzteren das hohe Klima ein unüberwindliches Hinderniß sein, so giebt es doch jetzt noch viele Hindernisse, welche recht gut beseitigt werden können und im Allgemeinen müssen wir in den Tropenländern in dieser Beziehung ebenfalls größere Fortschritte für möglich und wahrscheinlich halten als bei uns.

§. 22.

Auch außerhalb dessen, was auf dem Wege der vollkommneren Fabrikation sich erreichen läßt, kann noch ein Herabgehen des Preises von Rohrzucker durch Erleichterung des Transportes eintreten. Gerade die Kosten dafür sind häufig diejenigen, welche den größten Theil des Preises eines Produktes überhaupt ausmachen und von dem Bestreben diese so viel wie möglich zu beseitigen, hängt es ab, ob eine Waare für den größeren Markt zugänglich werden kann oder nicht. Die civilisirten Staaten Europas haben die Wichtigkeit dieses Punktes vollständig eingesehen und in der neueren Zeit wetteifern sie mit einander durch Anlage guter Wege und Eisenbahnen, durch Einrichtung schnell in einander greifender Posten, durch Förderung der Schiffahrt dem Verkehre auf jede Weise unter die Arme zu greifen, weil von der Ersparniß an Kosten in diesem Punkte, sei es unmittelbar oder mittelbar (durch Zeitgewinn, der denn einen rascheren Capitalumsatz zur Folge hat), die Concurrenz auf dem Weltmarkte zum großen Theile abhängig ist. So vortreffliche Einrichtungen wir in dieser Beziehung in unseren Staaten antreffen, so mangelhafte finden wir in den Colonien und ein großer Theil entbehrt derselben ganz, so daß blos die nächsten Küstenstriche dem Handel zugänglich sind, die vom Meere abliegenden oft am meisten von der Natur gesegneten Landestheile dagegen mit ihren Schätzen für entferntere Erdenbewohner gar nicht in Anschlag kommen. Ein Beleg zu dem Gesagten giebt zunächst Brasilien, wo im Jahre 1828 die Aroba Zucker fünf Mal theurer bezahlt wurde als nur 30—40 Stunden weiter in das Land hinein*). Gerade in diesem Lande würde aber für die Zuckerkultur bedeutend mehr geleistet werden können, da nach den Angaben von Dumas und Martius (S. 52.) der dortige Boden zu dem fruchtbarsten von allen Zuckerländern gehört. Nicht viel anders finden wir es in Ostindien. Die Natur hat zwar dort im Ganges und Indus mit deren Verzweigungen mächtige Wasserstraßen gebaut, welche ein großes Gebiet des Landes durchziehen, allein wo diese nicht hinreichen hat des Menschen Hand auch wenig nachgeholfen und der Verkehr erstreckt sich auf nicht viel mehr als auf die Flußschifffahrt. Ist auch die Zuckerkultur als eine altnationale weit in das Land bis zu den Afghanen verbreitet, so hat sie doch nur in jenen Stromgebieten eine wirkliche Bedeutung für den Handel erlangt und im Ganzen ist die Produktion nicht einmal fähig das Land selbst vollständig zu versorgen, sondern von China, Siam, Manilla erhält es noch Zufuhr. Die ausgedehnten projectirten Eisenbahnbauten der Engländer werden in Zukunft gewiß eine wesentliche Aenderung in dieser Beziehung hervorbringen.

Dieselben Klagen über schlechte Wege wiederholen sich in Cuba, wo der Transport für 12 Leguas (etwa 11 deutsche Meilen) von Zucker 20—25 pCt., von Syrup 300 pCt., von Rum 67 pCt. ausmacht**) und wenn sie bei anderen kleineren

---

*) Hagemeister S. 41.
**) Hagemeister S. 40.

Inseln nicht so hervortreten, so liegt dies in dem Umstande, daß dort wegen der geringeren Entfernungen, welche überhaupt möglich sind, der Uebelstand nicht in so großem Maaßstabe erscheint, er ist aber deßwegen nicht weniger vorhanden.

Also auch hierin sind für die Colonien wesentliche Fortschritte zu machen und an manchen Stellen, wie z. B. in Ostindien, wo die Kultur mit mächtigen Schritten weiter schreitet, gewiß nicht allzufern.

§. 23.

Wenn bei den bisher erwähnten möglichen Veränderungen der Gang, den die Production nehmen wird einiger Maaßen überblickt werden kann, so läßt sich doch in keiner Weise der Einfluß abschätzen, den eine veränderte Handelspolitik der Staaten im Allgemeinen hervorbringen wird. Das ganze Verhältniß der Mutterländer zu den Colonien beruht theilweise auf so irrigen Grundsätzen, daß daraus ein Gebäude entstanden ist, welches, an vielen Stellen morsch, in der neueren Zeit sich als unhaltbar zeigt und mannigfache Umgestaltungen, entweder schon erfahren oder in Zukunft noch zu erwarten hat. Viele Colonien und vorzüglich diejenigen, welche des Handels wegen mit den für uns zum Lebensbedürfniß gewordenen Producten des tropischen Klimas angelegt wurden, verdanken ihren ersten Ursprung nur einzelnen Unternehmungen und insofern die erste Veranlassung nach Westen zu steuern auch eine rein commercielle war, nämlich einen kürzeren Weg für Ostindien zu finden, lassen sich am Ende alle Colonien überhaupt hierauf zurückführen. Die geglückten Versuche wurden von mehreren wiederholt, es bildeten sich Handelsgesellschaften und aus ihrem Schooße gingen dann die mächtigen von Europa abhängigen Reiche durch alle allmähliche Gebietserweiterungen hervor. Die Mutterländer glaubten durch Ertheilung von Privilegien am sichersten den Verkehr mit den überseeischen Besitzungen zu fördern, allein gerade darin lag für viele Colonien der erste Grund zu der engherzigen Politik, welche man dann überhaupt gegen sie verfolgte.

Zwei **Handelsgesellschaften** unter den vielen, welche überhaupt bestanden sind besonders wichtig geworden durch die Ausdehnung ihrer Unternehmungen, es sind die **holländische und die brittisch-ostindische***). Die erstere, im Jahre 1602 bestätigt, fing mit einem Capitale von etwa 6¼ Million Gulden an, bereicherte sich besonders durch einen ausgedehnten Gewürzhandel in Folge dessen 1606 eine Dividende von 75 pCt., 1616 von 62 pCt. gezahlt werden konnte und verbreitete sich durch friedliche Niederlassungen oder Eroberungen allmälich über die Molucken und Sundainseln. Sie entriß den Portugiesen 1621 die Molucken, 1641 Malakka, 1658 Ceylon, 1660 Celebes und die wichtigsten Punkte der Küste Malabar. Durch das eingerissene schlechte Verwaltungssystem, die Habgier der Beamten und insbesondere die emporgewachsene Macht der englisch-ostindischen Compagnie, sank sie allmälich von der erstiegenen Höhe herab und mußte 1795 vom Staate aufgehoben werden, der ihre Besitzungen unmittelbar unter seine Gewalt nahm. —

Auch die englische Compagnie, die zu einer noch viel umfangreicheren Macht emporgewachsen ist, hat in der Vereinigung weniger Londoner Kaufleute ihren Ursprung. Im Jahre 1600 gestiftet mit einem Capitale von nur 369989 Liv. St., verfolgten anfänglich die Einzelnen unabhängig von einander ihre Unternehmungen, Cromwell hob das Privilegium zwar 1655 auf, allein schon nach drei Jahren wurde es wiederhergestellt und der Gewinn der Gesellschaft brachte das Vermögen im Jahre 1685 auf 1,703,422 Liv. St. Nachdem König Wilhelm einer zweiten Gesellschaft gegen ein Darlehn von zwei Millionen Liv. St. ebenfalls das Handelsprivilegium ertheilt hatte, fand im Jahre 1703 die Vereinigung der älteren und neueren Compagnie Statt und

---

*) Rau, Pol. Oek. II. §. 326. a.

von da an breitete sich ihre Macht, das ihnen verliehene Recht Faktoreien und zu deren Schutze auch Festungen anzulegen benutzend, mehr und mehr aus. Lord Clive, der aus den Streitigkeiten der einheimischen Fürsten Nutzen zu ziehen wußte, eine Politik die bis auf den heutigen Tag beibehalten worden ist, legte in der Mitte des ersten Jahrhunderts besonders den ersten Grund dazu, es bildete sich eine bedeutende Militairmacht und jetzt erkennt das ganze Gebiet zwischen Indus und Ganges den englischen Scepter an, indem 83 Millionen ihm unmittelbar unterworfen sind, 49 Millionen anderen Herren, die in vasallitischem oder verbündetem Verhältnisse stehen. Bei dieser Machtvergrößerung stellte sich die Nothwendigkeit immer dringender heraus, daß die englische Regierung die Leitung des Ganzen übernehme und auf Pitt's Antrag wurde eine controllirende Behörde (board of controul) eingerichtet, der die obere Herrschaft zukommt, da von ihrem Einflusse und von ihrer Zustimmung die Besetzung der Beamtenstellen abhängig ist, während nur in Handelsangelegenheiten die Aktionäre eine gewisse Selbstständigkeit behalten haben. Die Macht wird aber gewiß noch vollständig in die Hände der Regierung übergehen; von 1854 an können die Aktionäre ihr Capital zurückfordern und von 1874 steht der Regierung das Recht zu gegen den doppelten Nominalwerth bei dreijähriger Kündigung die Aktien einzulösen.

Mit den Gebietsvergrößerungen waren indessen keineswegs materielle Vortheile für die Compagnie verbunden; der anfänglich so ansehnliche Gewinn schwand in dem Zeitraume von 1793—1813 bis auf 3 pCt. und der chinesische Theehandel allein versprach noch einen guten Gewinn von 39 pCt. Reinertrag. Die Schuldenmasse dagegen wuchs zu einer enormen Höhe an; sie betrug 1814 26,828,000 Liv. St., 1833 61 Millionen, seit welcher Zeit neue Kriege auch gewiß wieder neue Erhöhungen hervorgebracht haben.

Aus den Schicksalen der beiden großen ostindischen Handelsgesellschaften, so wie aus dem vieler anderen weniger wichtig gewordenen kleineren*) geht deutlich hervor, daß es trotz der den Unternehmern verliehenen Privilegien, trotz des Monopolgewinnes der Aktionäre unmöglich war, letzteren eine anhaltend gute Rente zu sichern. Während auf der einen Seite ihr Gewinn immer schwankender wurde, mußte dieser von der anderen, das heißt sowohl vom Mutterlande als von den Colonien, deren Verkehr sie zu fördern berufen waren mit großen Opfern bezahlt werden. Die Handelsgesellschaften, weit entfernt das wahre Wohl der überseeischen Besitzungen zu fördern, suchten allein einen möglichst hohen Gewinn für sich zu erzielen, und benutzten zu diesem Zwecke häufig die größten Zwangsmaaßregeln. Die holländische Compagnie duldete die Gewürznelkenbäume nur auf Amboina und verbrannte Waarenvorräthe, die englische verbot die Theilnahme Anderer am Handel bei Strafe der Confiscation, riß das Monopol von Tabak, Salz und Betelnüssen auf den Inseln an sich — alles um nur die Preise nach Willkür in die Höhe zu schrauben und sich einen möglichst großen Gewinnantheil zu verschaffen. Durch die vielfältigen Klagen sah man sich endlich genöthigt in England, wo die Compagnie sich erhielt den Handel mit Ostindien im Jahre 1813 und den Theehandel mit China im Jahre 1834 frei zu geben, welches eine so bedeutende Wirkung auf die Preise äußerte, daß Muscatnüsse ungefähr auf den vierten, Muscatblüthen auf den fünften Theil des früheren sanken. Die Einfuhr von Thee, der in London etwa noch ein Mal so theuer als in Hamburg und zwei Mal so theuer als in Amerika bezahlt worden war, stieg von 29,592,000 Pfd. im Jahre 18$\frac{33}{34}$ im folgenden auf 42 Millionen Pfd.

In den westlichen Colonien hatten Handelsgesellschaften nie eine solche Bedeutung und eine solche Herrschaft erlangt als in den östlichen. Der Grund davon lag darin, daß hier die

---

*) Vergl. Rau, Pol. Oek. II. §. 236. a. 2, 4, 5, 6, 7, 8, 9.

Machtentwickelung der Europäer nicht von einzelnen Faktoreien ihren Ausgangspunkt hatte, sondern daß nach der Entdeckung des Columbus und seiner Nachfolger alle Nationen unseres Continentes den neuen Erdtheil in Beschlag nahmen und dann erst Handelsunternehmungen sich daran anknüpften. Bei der Besitznahme der Europäer wurden die Länder entweder als Eroberungscolonien betrachtet, deren Schätze man auszubeuten suchte, ohne selbst durch eigene Production thätig zu sein, wie bei den spanischen, Mexiko, Peru, Chili, oder der Handel beschränkte sich nur auf wenige Naturerzeugnisse, welche unkultivirte Völker darzubieten hatten. Erst später verbreitete sich der Anbau von Zucker, Kaffe, Tabak, Indigo und allen den Hauptproducten, die wir aus den tropischen Gegenden beziehen, so daß die westlichen Länder allmälich ein ganz anderes Gepräge, das von Handels- und Pflanzungscolonien*), annahmen. — Trotzdem konnten dieselben ebenso wenig wie die östlichen einem Handelssysteme entgehen, welches auf den engherzigsten Grundsätzen beruhte, und als dessen Ausfluß die privilegirten Handelsgesellschaften zu betrachten sind. Durch den Untergang oder die Aufhebung der letzteren wurde zwar die Macht Einzelner gebrochen, allein unter der Freigebung des Handels war weiter nichts zu verstehen, als daß nun allen Einwohnern des Mutterlandes es erlaubt war mit den Colonien zu verkehren, die engste Schranke war wohl gefallen, allein das System im Ganzen blieb dasselbe. Das Stammland suchte auf jede Weise die überseeischen Besitzungen auszubeuten, durch Verbote und Zölle seinen Rohproducten und Fabrikaten ausschließlichen Eingang zu verschaffen, dagegen die Erzeugnisse jener für seinen Handel in Anspruch zu nehmen, einerlei ob den Verkäufern ein vortheilhafterer Absatz möglich gewesen wäre oder nicht. Weit entfernt in den Fortschritten der

---

*) Ueber die Eintheilung der verschiedenen Colonien und deren Natur Roscher, Untersuchungen über das Colonialwesen in Rau's Archiv. N. F. VI. S. 1—22.

colonistischen Unterthanen eine Hebung des Wohlstandes für alle überhaupt zu finden, erregten diese nur vielmehr den Neid der Bewohner des Mutterlandes und man war darauf bedacht das Aufkommen neuer Fabrikationszweige und die daraus entstehende Concurrenz zu unterdrücken. In den spanisch-amerikanischen Besitzungen unterlag der Tabaksbau bedeutenden Beschränkungen, in Chili war der Anbau von Zuckerrohr und die Errichtung von Fabriken verboten *). — Noch bis heute ist England weit davon entfernt die Baumwollenverarbeitung Ostindiens durch Verbesserungen und Einführung von Maschinen wieder zu erheben und dadurch einen alten nationalen Industriezweig, der lange Zeit hindurch den Reichthum der dortigen Bewohner bildete, zum Besten der Indier wieder herzustellen, es will nicht, daß die Colonien die Nebenbuhler des Mutterlandes werden und zwingt deshalb dieselben die Fabrikate aus England zu beziehen wozu sie erst den Rohstoff hergegeben haben; in Westindien sind die Unterthanen genöthigt die Raffinate aus England zu nehmen um dem Mutterlande den Gewinn des Raffinirens zu lassen; trotz der Billen von Robinson (1822) und Huskisson (1825), welche größere Freiheiten herstellten, liegen noch Unterscheidungszölle auf den Rohproducten aus Amerika zu Gunsten von England und Canada **) und die Bewohner müssen die Bedürfnisse an Mehl, gesalzenem Fleische, Butter, Seife, Lichtern, Stäben zu Fässern u. s. f., welche ihnen die vereinigten Staaten billiger liefern könnten, von anderen Seiten einkaufen. — Gleiche Maaßregeln wiederholen sich bei den französischen Besitzungen. Auch diese werden gezwungen ihre Lebensbedürfnisse theurer vom Mutterlande zu nehmen als anders woher und die hauptsächlichsten Ausfuhrproducte nur nach Frankreich zu liefern. Eine solche stiefmütterliche Behandlung erregte in manchen Tochterländern, die eine gewisse Selbstständigkeit erlangt hatten, den Wunsch einer Lostrennung vom

---

*) Rau, Pol. Oek. II. §. 305. b.
**) Rau, Pol. Oek. II. §. 305. e.

Hauptlande und, bewegte Zeiten im letzteren benutzend, machten sich Haiti, Nord-Amerika, Brasilien unabhängig.

Daß ein solches System oft die wunderlichsten Consequenzen mit sich bringt, kann in keiner Weise überraschen, aber gerade sie geben den besten Prüfstein für die Grundsätze, aus denen sie erst hervorgegangen sind. Dadurch, daß man die Lebensbedürfnisse der Tochterländer vertheuert, um den Mutterländern einen Gewinnst zu verschaffen, zwingt man die ersteren auf der anderen Seite mit mehr Kostenaufwand zu arbeiten und dann auf dem Markte des Stammlandes einen höhern Preis zu stellen, so daß der Gewinn, der auf der einen Seite gemacht wurde, auf der anderen Seite wieder bezahlt werden muß. Länder, bei denen eine solche Belastung der Producte nicht Statt hat, können natürlich die Erzeugnisse billiger herstellen und man ist consequenter Weise dann genöthigt, deren Concurrenz durch hohe Zölle auszuschließen, um nicht das ganze Verhältniß zwischen den überseeischen Besitzungen und den europäischen über den Haufen zu werfen. Die französisch-westindischen Besitzungen waren lange Zeit hinreichend, um Frankreich mit Zucker zu versorgen, bei steigender Consumtion indessen trat die Unzulänglichkeit der Production allmälig hervor *). Gewiß wäre diesem Mangel am einfachsten dadurch abgeholfen gewesen, daß man andere Zuckerländer herbeigezogen hätte; statt dessen wurden bei steigendem Preise durch hohe Zölle die fremde Einfuhr ausgeschlossen und Anlaß gegeben, daß man auf den Colonien, durch den zu machenden Gewinnst angetrieben, einen großen Theil der Länderei zum Zuckerbau verwendete, der entweder wenig befähigt dazu war oder gewiß zweckmäßiger zum Anbau von Brodfrüchten gedient hätte, die man dort unter diesen geschraubten Verhältnissen mit größerem

---

*) Die drei Inseln Martinique, Guadeloupe und Bourbon, welche den Zucker für Frankreich liefern, haben nur 350,000 Einwohner, darunter 100,000 freie, 150,000 Hektaren cultivirbares Land, wovon 65,000 mit Zuckerrohr bepflanzt sind. Hagemeister S. 15.

Vortheile von anderen Seiten einführte. Der Zuckerpreis belief sich dadurch zu Havre, ehe die Runkelzucker-Fabrikation denselben wieder herabdrückte, oft auf das Doppelte von dem zu London. — Aehnliche widernatürliche Thatsachen finden wir in England. Da auch hier die westindischen Besitzungen nicht im Stande waren, den ganzen Bedarf für sich und das Mutterland zu decken, die Raffination des Zuckers überhaupt in England geschehen mußte, zugleich aber der fremde zur Raffination eingeführte Zucker einen bedeutenden Rückzoll von 36½ und 43½ Schilling genoß, so verzehrte man bisher in Großbritannien Zucker aus den englischen Colonien, während in Jamaika, in London raffinirter, aus der spanischen Havanna verbraucht wurde, weil er billiger zu stehen kam als der im Consumtionslande erzeugte. Selbst die eigenen Colonien glaubte man vor einander schützen zu müssen und bis zum Jahre 1842 war der ostindische Zucker einer bedeutend höheren Steuer unterworfen als der westindische, erst vom 5. Juli 1851 an wird nach einem Parlamentsgesetze von 1846 eine gänzliche Gleichstellung beider Statt finden. — Ebenso beschränkte man in den dänischen Inseln St. Croix, St. Jean, St. Thomas den Verkehr unter einander, indem die beiden letzteren 1767 den fremden Nationen geöffnet wurden, während man die erstere davon abschloß und auch spätere Verordnungen eine Trennung beibehielten *).

Solche theilweise ganz widersinnige Verhältnisse mußten nothwendig häufig der Production eine unnatürliche Gestaltung geben, welche sie unmöglich beibehalten können sobald die äußeren Bedingungen dazu wegfallen werden. Namentlich gilt dies auch von der Zuckerproduction. Durch ein künstliches Gebäude von Schutzzöllen umgeben, setzte sich dieselbe keineswegs immer da fest, wo sie den besten Boden zum Gedeihen gefunden hätte, sondern sie wurde an vielen Stellen hervorgerufen oder unterstützt, wo sie

---

*) Hanssen, die dänisch-westindischen Colonien in Rau's Archiv. N. F. VI. S. 287.

nur theuere und vertheuerte Productionsmittel antraf. Es läßt sich mit Gewißheit voraussehen, daß, sobald die jetzt herrschende Colonialpolitik eine entschiedene andere Wendung genommen, ein Theil derjenigen Colonien, welche jetzt Europa mit Zucker versehen, in Zukunft einmal diese Cultur großen Theils wieder aufgeben oder auf einen kleineren Umfang beschränken müssen, während sie den Bau anderer Pflanzen, wie des Kaffee- und Cacao-Baumes in größerem Umfange wieder herzustellen genöthigt sind; auf der anderen Seite werden mehr befähigte und begünstigte an ihre Stelle traten, welche uns zu billigeren Preisen mit Zucker versorgen können. Besonders läßt sich von Ostindien erwarten, daß dort die Zuckercultur eine ganz andere Bedeutung in Zukunft erhalten werde als sie bis jetzt hatte. Trotz der unvollkommenen Fabrikationsweise, welche gerade dort vor Allem herrscht, trotz der hohen Steuern mit denen das Land belastet ist, trotz der ungünstigen zu weit geschrittenen Theilung des Bodens, trotz des weiten Transportes war es doch schon jetzt diesen Ländern möglich, den Zucker eben so billig zu liefern, wie viele westindischen Colonien. Seitdem die Gleichstellung von Ost- und Westindien in England vorbereitet wurde, hat sich die Einfuhr von Asien nach Europa rasch vermehrt und während man 1841 von gelieferten Zucker 11 Theile auf Amerika, 1 Theil auf Asien rechnete, betrug 1844 die Zufuhr von letzterem schon 18 pCt.*), 1846 über 50 pCt.**).

In keiner Weise läßt sich beurtheilen, bis zu welchem Punkte der Preis des Zuckers herabsteigen wird, wenn erst die Production der Colonien ihren natürlichen Weg gefunden hat, nur so viel

---

*) Dieterici, über die wichtigsten Gegenstände des Verkehrs u. s. w. 1840—42. S. 123.
**) 1846 Rohzucker-Einfuhr in Großbritanien aus
brit. Amerika 2,143,550 Ctr.
Mauritius 845,304 -
Ostindien 1,425,111 -
fremden Ländern 1,199,879 -

muß als feststehend anerkannt werden, daß an die Aenderung des bisherigen Verhältnisses zwischen den europäischen und den überseeischen Ländern sich eine wesentliche Aenderung der ganzen Fabrikation und eine billigere Erzeugung anknüpfen wird. Daß die bisherigen Zustände immer unhaltbarer werden, hat man schon an vielen Stellen in der neueren Zeit eingesehen, wo das Streben dahin geht, den internationalen Verkehr mehr und mehr seiner Fesseln zu entledigen und wo die Selbstständigkeit der amerikanischen Republiken keineswegs dazu beigetragen den Wohlstand des früheren Stammlandes zu untergraben, sondern im Gegentheile mit dem Erblühen derselben die Verkehrsverhältnisse nur reger und ausgedehnter geworden sind *). Was ist auch wohl natürlicher als daß zwei Völker, welche eine Menge Producte gegenseitig auszutauschen haben, sich dann am Besten zu einander stehen, wenn die Zahlungsfähigkeit auf beiden Seiten durch Entwickelung der Production eine gewisse Höhe erreicht hat! Man wird allmälich dahin gelangen, daß man die Colonien ihre Bedüfnisse da kaufen läßt, wo sie dieselben am billigsten bekommen können, auf der anderen Seite wird man sich nicht verpflichtet halten die tropischen Producte jenen zu einem gesteigerten Preise abzunehmen; die Wichtigkeit, welche einer festen Verknüpfung der Colonien mit dem Mutterlande wegen der gegenseitigen Verkehrsverhältnisse beigelegt wurde, wird gewiß bei Herstellung eines allgemeineren Verkehres mehr und mehr schwinden. Es läßt sich aber ein solches künstliches Gebäude, wie es nur eine verwickelte Handelspolitik aufzubauen im Stande war, nicht mit einem Male zerstören, wenn die Mutterländer nicht ihre eigenen Kinder ver-

---

*) In dem Handel Großbritanniens mit den vereinigten Staaten war der Jahresdurchschnitt

	1763—1774	1816—1822
der Einfuhr	1,202911 L. St.	2,341,712 L. St.
der Ausfuhr	3,267,488 —	6,393,956 —

Rau, Pol. Oek. II. §. 305. d.

leugnen und einer gänzlichen Verwirrung aller gewerblichen und commerciellen Verhältnisse Preis geben wollen. Man hat sich daher nur auf Modifikationen des bisherigen Systemes eingelassen, allein schon diese waren einflußreich genug und gewiß werden sie damit nicht ihr Ende erreicht, sondern nur den Anfang zu weiteren Aenderungen hergegeben haben, die in Zukunft nothwendig erfolgen müssen.

Dänemark war es, welches zuerst in Bezug auf seine beiden kleineren Inseln St. Jean und St. Thomas eine freiere Politik verfolgte. Indem es anfänglich 1764 allen dänischen Schiffen erlaubte von und nach allen Orten gegen niedrige Zollabgaben Waaren ein- und auszuführen, erweiterte es diese Bestimmungen dadurch, daß 1767 auch fremden Nationen die Häfen geöffnet wurden, welche nun als Freihäfen den übrigen abgeschlossenen westindischen gegenüberstanden. Nach einem Aufgeben dieser Grundsätze für eine kurze Zeit wurden dann durch Verordnungen vom 4. Novbr. 1782 und 17. Novbr. 1815 dieselben wieder zur Geltung gebracht und durch Verordnung vom 6. Juni 1833 auch der größten dänischen Insel St. Croix die Wohlthaten eines freieren Verkehrs verliehen*). — In Cuba und Portorico war schon seit längerer Zeit die Einfuhr und Ausfuhr anderen Nationen frei gegeben und nur den spanischen Schiffen einige Differentialzölle vorbehalten, man beförderte ferner die Niederlassung Fremder und so hat sich besonders in der letzten Zeit die Production dieser Inseln um ein Bedeutendes gehoben. Sie betrug in Cuba 1826 6,200,000 Arobas Zucker, 1841 schon das Doppelte; in Portorico 1803 9528 Arobas, 1829 1,508,616 und 1839 2,882,440 **). — Frankreich mußte der Nothwendigkeit folgen, die liberalere Grundsätze gebot und wenn auch noch andere Beschränkungen auf seinen Colonien lasten, so hat man doch die Einfuhr von verschiedenen fremden Waaren und auf fremden

---

*) Das Nähere f. Hanssen in Rau's Archiv. N. F. VI. S. 289.
**) Hagemeister S. 40.

Schiffen in fünf Hafen von Martinique und Guadeloupe seit dem 15. Februar 1826 zugelassen*). — In England bezeugen die neueren Parlamentsgesetze, daß man nicht gesonnen ist, das bisherige starre System beizubehalten, sondern allmälich einem freieren Verkehre die Bahn zu brechen. Nachdem es Peel gelungen war durch Einführung der Einkommensteuer dem Staate neue Hülfsquellen zu eröffnen, mußten die alten Getreidezölle weichen, ebenso wurde in der vorigen Parlamentssitzung die Gleichstellung der Zuckereinfuhren aller englischen und fremden Besitzungen vom 15. Juli 1851 an nach einem allmälichen Uebergange ausgesprochen**) und schon wirken die Grundsätze eines Cobben und Büllters, um mit Gewalt an der alten den Engländern bisher heiligen Navigationsakte zu rütteln.

§. 24.

Fassen wir nun mit einem Blicke die Resultate zusammen, welche wir in Bezug auf die Beantwortung der Frage erhielten, was für Veränderungen in Zukunft bei der Rohr- und Rübenzuckerfabrikation in Aussicht stehen, so war nur in den westindischen Colonien eine Erhöhung des Arbeitslohnes ein Moment, welches eine Vertheuerung hervorzubringen im Stande war; bedenken wir dagegen die Umgestaltungen, welche für Capital, Grund

---

*) Rau, Pol. Oek. II. §. 305. e.
**) The statutes of the united kingdom of great Britain and Ireland. 9 and 10 Victoriae 1846. cap. LXIII. Die darnach bestimmten Sätze, welche jetzt schon für Westindien und einen Theil von Ostindien gelten und in Zukunft für alle Colonien gleich sein werden, sind folgende:

	L	s	d
Double refined Sugar	1	1	0
Other refined	0	18	8
White clayed	0	16	4
Brown Sugar being Muscovado or Clayed	0	14	0
Molasses	0	5	3

und Boden, das ganze Fabrikationsverfahren und endlich die bisherige Handelspolitik zu erwarten sind, so müssen wir zugeben, daß einer billigeren Production des tropischen Zuckers weit größere Aussichten eröffnet sind als einer billigeren Production des einheimischen. Wenn daher, wie wir früher fanden bei gleicher Belastung schon jetzt eine Concurrenz des Rübenzuckers mit dem Rohrzucker nur unter günstigen Umständen möglich ist, so wird die Zukunft diese Schwierigkeiten für unsere einheimische Fabrikation nicht sowohl zu heben, als vielmehr, sei es früher oder später nur noch zu vermehren im Stande sein, so daß sie vielleicht bald zu den überwindlichen gehören werden, wenn man nicht zu der Waffe der Zölle seine Zuflucht nehmen will, welche freilich Alles außer dem Schmuggelhandel zu zerstören vermag.

IV.
Welche wohlthätigen oder schädlichen Wirkungen könnte eine ausgedehnte einheimische Zuckerproduction haben?

§. 25.

Ehe wir den Stab über die Runkelrüben-Fabrikation brechen können, bedarf es aber noch einer gehörigen Abwägung der Vortheile und Nachtheile, welche aus der einheimischen Production entstehen würden, wenn dieselbe eine weite Verbreitung fände, und es ist zu entscheiden, ob nicht die wohlthätigen Wirkungen so überwiegend ausfallen, daß sie auch eines bedeutenden Opfers werth wären.

Man hat zuerst gegen das Umsichgreifen einer einheimischen Zucker-Industrie den Grund geltend gemacht, daß sie eine zu große Bodenfläche für sich in Anspruch nähme und dem

Getreidebau entzöge, welcher viel nothwendiger sei. In der jetzigen Zeit, wo bei einer beschränkten Bodenfläche die Bevölkerung immer wächst, mehren sich mit der Vergrößerung der letzteren auch fortwährend die Schwierigkeiten die nöthige Menge von Brodfrüchten zu schaffen und wenn auch der Osten von Deutschland noch zu den Getreide ausführenden Länderstrichen gehört, so sieht man sich doch überall darnach um, Flächen, welche unkultivirt daliegen, herbeizuziehen, andere von Nässe leidende oft durch große Bewässerungs-Anstalten nutzbar zu machen, die schon seit längerer Zeit bearbeiteten durch Meliorationen zu heben, man ist mit einem Worte gezwungen die früheren extensiven Wirthschaften in intensivere umzuwandeln und gerade dieser Nothwendigkeit, in die wir uns versetzt sahen, verdanken wir nur die Ausbildung der rationellen Landwirthschaft. Denn die materiellen Interessen müssen zunächst überall den Sporn zur Erwirkung der geistigen geben und den letzteren ist es nur vorbehalten, den ersteren diejenige höhere Weihe zu ertheilen, welche erst das Leben als ein harmonisches Ganze unserer doppelten Natur erscheinen läßt. Die Entziehung von Getreideland kann indessen nur dann als nachtheilig angesehen werden, wenn dadurch die Production im Ganzen vermindert würde; findet sich dagegen, daß durch den Anbau von Runkelrüben dem Boden ein größerer Werth abgenommen werden kann als auf eine andere Weise, so ist es gewiß vortheilhafter diese höhere Nutzung zu erzielen und das Getreide von anderen Orten einzukaufen, von wo es zu einem niedrigen Preise geliefert werden kann. Es wird dadurch der Volkseinnahme im Ganzen nur ein Ueberschuß zufließen, wenn auch für Einzelne die Vertheuerung, welche entstehen muß, drückend erscheint und wirklich drückend ist. Viele Landwirthe finden nun da, wo ein Absatz der Runkeln möglich geworden, ihren Anbau vortheilhaft und es muß ihnen überlassen werden, auf welche Weise sie den Boden am meisten nutzen können. Freilich fällt ihr Specialinteresse nur dann mit dem des Ganzen zusammen, wenn die Production wirklich naturwüchsig und nicht, wie jetzt, durch einen hohen Schutzzoll hervorgerufen ist, denn es findet sonst blos eine Vertauschung der Einnahmen Statt, indem der erste gewinnt, was der zweite, vielleicht in viel größerem Maaße, verliert.

Wir können aber davon ganz absehen, denn fragen wir uns vor Allem einmal, ist denn die durch den Runkelrübenbau entzogene Fläche wirklich von solcher Bedeutung, daß sie eine wesentliche Umgestaltung des Getreidebaues veranlassen kann? Malchus berechnet (in seiner Statistik und Staatenkunde von 1836) die in Europa mit Ausschluß der Türkei kultivirbare Fläche auf 145,595 Quadratmeilen; von den 15—16,000,000 Ctr. Zucker, welche jährlich auf der Erde etwa producirt werden, fällt die größere Hälfte auf Europa, also ungefähr 10,000,000 Ctr. (S. 12.). Denken wir uns nun für einen Augenblick, daß diese ganze Quantität durch europäische Fabrikation geliefert werden sollte, so würde sich die dazu nöthige Bodenfläche von Runkelrübenland auf folgende Weise angeben lassen: Nehmen wir an, daß der Morgen 150 Ctr. Rüben überhaupt, und bei 12 pCt. Abgang vor der Bearbeitung 102 Ctr. fabrikationsfähige Rüben liefere, so würden bei 5 pCt. Ausbeute an Zucker von einem preußischen Morgen 660 Pfd. (vergl. S. 51.) oder von einer Quadratmeile (= 21,684 pr. Mrg.) 130,104 pr. Ctr. Zucker gewonnen werden können. Es wären also zu den 10,000,000 zu liefernden Zuckers bei mäßiger Ertragsfähigkeit des Bodens 76,8 Quadratmeilen d. h. der 1890te Theil oder $\frac{1}{19}$ pCt. der kulturfähigen Fläche erforderlich.

Im Zollvereine wurden 1841—42 256,043 Zollctr. Rübenzucker erzeugt. Dazu waren also nöthig, indem eine Quadratmeile 134,441 Zollctr. (= 130,104 pr. Ctr.) Zucker erträgt, in runder Zahl 2 Quadratmeilen (1,9) d. h. von dem Zollgebiete von 8098 Quadratmeilen*) der 4049te Theil oder $\frac{1}{40}$ pCt. —

---

*) Rau, Pol. Oek. II. §. 301. b.

Die ganze Menge Zucker, welche 1842 im Zollvereine verzehrt wurde, belief sich auf

   1,208,534 Zollctr. Colonialzucker *)
    256,043   „ Rübenzucker

also 1,464,577 Zollctr. Zucker überhaupt.

Nehmen wir an, diese Quantität hätte nur aus Runkeln dargestellt werden sollen, so wären zu dem Anbau 10 Quadratmeilen, der 810te Theil oder ⅛ pCt. des Zollgebietes zu verwenden gewesen.

Diese wenigen Zahlen beweisen am besten, welch' kleinen Antheil der Rübenbau für die nöthige Zuckererzeugung in Anspruch nehmen würde und wie dieser, selbst bei steigender Consumtion, um das Vier- und Fünffache, immer noch sehr unbedeutend, ausfällt, so daß die oben angeführten Besorgnisse, es möchte dem Getreidebaue dadurch eine zu große Fläche entzogen werden, als unbegründet angesehen werden müssen. Das läßt sich aber allerdings nicht läugnen, daß für einzelne Distrikte eines Landes, in denen sich unsere Industrie festgesetzt hat und wo sie sich concentrirt, das Verhältniß zwischen Runkelrüben- und Getreideland auffallend werden und eine Erhöhung des Getreidepreises erzeugen muß. So waren in Frankreich allein im Departement du Nord 1838 von den 582 Zuckerfabrikanten des ganzen Landes 142**), ebenso befanden sich 1841—42 von den 136 Fabriken des Zollvereines 48 allein in der Provinz Sachsen ***). Wenn aus diesen einzelnen Gegenden zuweilen Klagen über eine Vertheuerung des Getreides zu unsern Ohren gelangen, so haben sie allerdings eine gewisse Begründung, indessen kann dann durch eine Zufuhr aus anderen benachbarten Länderstrichen eine Ausgleichung getroffen werden und im Ganzen von einem bemerkenswerthen Nachtheile nicht die Rede sein.

---

 *) Dieterici. Zweite Fortsetzung, S. 131.
 **) Dieterici. Erste Fortsetzung, S. 142.
***) S. 23.

Im Gegentheile muß anerkannt werden, daß häufig der Runkelrübenbau nur fördernd auf die Landwirthschaft wirkt. Schon oben (S. 58.) erwähnten wir, daß derselben von der Zuckerfabrikation eine Menge von Abfällen, Wurzelabgängen, Blättern, Preßlingen zu Gute kommen, welche zur Viehfütterung benutzt werden können; darin ist indeß nicht der Hauptvortheil zu suchen. Es kann dadurch dem Boden unmöglich so viel an Dünger ersetzt werden als ihm entzogen wurde, da ja ein großer und der größte Theil der ihm genommenen Stoffe in Zucker sich umgewandelt hat, der nur insofern wiedergegeben wird, als er den Kreislauf aller Dinge von und zu der Erde mit durchläuft und gewiß nach der gewöhnlichen Bedeutung nicht als Düngungsmaterial angesehen werden darf. Der wesentliche Nutzen entsteht für die Landwirthschaft aus der durch den Rübenbau veranlaßten mechanischen Bearbeitung des Bodens, welche eine ebenso wichtige Rolle in der Agrikultur spielt als die chemische. Die Runkel gehört zu den Hackfrüchten und diese in einen Turnus eingeschaltet erfordern ein fleißiges Behacken, welches den Boden auflockert, ihn mit der Atmosphäre in Berührung bringt, das Unkraut wegschafft und dadurch gleichsam die Stelle der Brache vertritt. Außer dieser einer größeren Classe von Früchten zukommenden Nützlichkeit, zeichnet sich aber gerade die Rübe noch dadurch aus, daß sie von Ungeziefer wenig leidet, auch in dürren Jahren noch gedeiht und überall fortkommt, wo Winterweizen gebaut werden kann.

§. 26.

Ebenso wenig wie der vorige Grund spricht der gegen die einheimische Zuckerfabrikation, daß anderen Gewerbszweigen dadurch nützliche Arbeitskräfte entzogen würden. Es könnte derselbe nur da von Bedeutung sein, wo von den Gewerben auf der einen Seite Arbeiter sehr gesucht wären, von der anderen Seite aber dieser Anfrage nicht genügt werden könnte. Dies tritt nur in wenigen einzelnen Fällen, besonders in einem sich schnell entwickelnden Staate, wie z. B. Amerika, ein. Bei uns nimmt das Fortschreiten der Industrie keineswegs einen außergewöhnlich raschen Gang an, ferner zieht aber gerade die Erweiterung der Gewerbe auch eine rasche Vermehrung der arbeitenden Classen nach sich, indem nach der tiefen Wahrheit des Malthus'schen Bevölkerungs-Gesetzes die Beschaffung der äußeren Subsistenzmittel in einer innigen Wechselwirkung mit der Volksvermehrung steht. Die Klagen unserer Tage gehen weit weniger dahin, daß nützliche Arbeiter entzogen werden, als vielmehr, daß sich die Reihen der Arbeitslosen zu vermehren drohen, wenn man nicht durch Schaffung neuer Arbeit ihnen unter die Arme zu greifen im Stande ist. Die ausgesprochene Besorgniß kann daher als übertrieben und unbegründet von vornherein bei Seite gesetzt werden.

§. 27.

Eine weitere nachtheilige Seite einer ausgedehnten Rübenzuckerindustrie hat man darin gesucht, daß dieselbe eine zu mächtige Quantität Brennstoff verzehre, der in der neueren Zeit immer kostbarer werde und zuletzt einen eintretenden Mangel befürchten lasse.

Neumann berechnet, daß zu 100 Pfd. Saft erhalten durch

Auspressen   750 Pfd.
Maceration . . . . 1000 -
Trocknen und Auslaugen 1500 -

Holz erforderlich sind, um ihn in Zucker zu verwandeln, zu einer Million Pfd. Zucker also 7¼—15 Millionen Pfd. Holz. Es würden demnach bei alleiniger Anwendung von Holz als Feuerungsmaterial zur Erzeugung der ganzen in Europa consumirten Zuckermenge von 1100 Millionen pr. Pfd. 8250—16500 Millionen Pfd. Holz nöthig werden. Zu der 1842 erzeugten Rübenzuckermenge von 25,604,300 Zollpfd. hätten 179¼ bis 358¾ Millionen Zollpfd. = 192—384 Millionen pr. Pfd. verzehrt werden müssen. In der überhaupt 1842 verzehrten Zuckermenge von 146,457,700 Zollpfd. würden 1098⅓—2196⅔ Millionen Zollpfd. = 1175 ‍‍ ‍ —2350⅓ Millionen pr. Pfd. nöthig gewesen sein.

So groß diese Zahlen im ersten Augenblick erscheinen mögen, so sehr reduciren sie sich, wenn man die Bodenfläche berechnet, auf der diese Quantitäten Holz wachsen können. Nach der Geschäftsanweisung zur Abschätzung des Grundeigenthumes im Königreiche Sachsen liefert ein Acker Wald mittlerer Classe (dritter Classe, im Ganzen sind es fünf) nach einem Abzuge für außerordentliche Zufälle 5760 sächs. Cubikfuß = 4199 pr. Cubikfuß = 200,645 pr. Pfd.*) Buchenholz bei hundertjährigem Umtriebe; 5756 sächs. Cubikf. = 4196 pr. Cubikf. = 200,501 pr. Pfd. Tannenholz bei siebenzigjährigem Umtriebe. Es wachsen also auf einer geographischen Quadratmeile (= 11594 sächsischen Ackern) in runden Zahlen

2326 Mill. Pfd. Buchenholz
2325 " " Tannenholz.

Mithin würden jährlich abgetrieben werden müssen:

1) Zur Lieferung der ganzen Menge Holz von 8250 bis 16500 Mill. Pfd. für eine gänzlich europäische Zuckerfabrikation 3,5—7 Quadratmeilen oder es müßten für die Zuckerindustrie bestanden sein:

bei 100jährigem Umtriebe mit Buchen 350-700 Quadratmeilen
" 70 " " mit Tannen 245-490 "

also 0,2—0,4 pCt. der ganzen cultivirbaren Fläche.

2) Zur Lieferung einer Holzmenge von 192—384 Mill. Pfd., wie sie für Erzeugung der Rübenzuckermenge im Zollvereine von 1842 nöthig gewesen wäre, 0,09—0,18 Quadratmeilen, oder es hätten bestanden sein müssen:

---

*) Ein pr. Cbkf. Wasser wiegt 66 pr. Pfd., das specifische Gewicht von trockenem Buchenholze = 0,724, von trockenem Tannenholze = 0,498 (Eisenlohr, Physik, §. 102. 104.) giebt für 1 pr. Cbkf. Buchen 47,784 Pfd., für 1 pr. Cbkf. Tannen 32,868 Pfd.

bei 100jährigem Umtriebe mit Buchen 9— 18 Quadratmeilen
„ 70 „ „ mit Tannen 6,3—12,6 „
also 0,08—0,2 pCt. der Fläche des ganzen Zollgebietes.

3) Zur Lieferung einer Holzmenge von 1175,3—2350,6 pr. Pfd., wie sie die ganze 1842 im Zollvereine verzehrte Zuckermenge erfordert hätte 0,5—1 Quadratmeile, oder es hätten bestanden sein müssen:

bei 100jährigem Umtriebe mit Buchen 50—100 Quadratmeilen
„ 70 „ „ mit Tannen 50— 70 „
also 0,4—1,2 pCt. der Fläche des ganzen Zollgebietes.

Es würden indessen diese Zahlen nicht einmal maaßgebend sein können, da ein großer Theil des Holzes durch andere Materialien, wie Torf und Steinkohlen, ersetzt wird, die uns theilweise sogar andere Länder, besonders England, in großen Mengen liefern und eine größere Hitze von sich geben. Rumford berechnet die Brennkraft des Holzes mit 25 pCt. Wassergehalt auf 26 (d. h. 1 Pfd. liefert so viel Wärme, daß 26 Pfd. Wasser von 0—100° erwärmt werden können), die Brennkraft des Torfes je nach der Güte auf 18 bis 30 der Steinkohle (Sinterkohle und Backkohle) 60—70, der Coaks 66. Ueberhaupt kann aber die Quantität des Brennmateriales, welche eine Industrie erfordert gewiß nicht über die Nützlichkeit derselben entscheiden, sondern die Frage muß allein dahin gehen, ob sie im Ganzen productiv, d. h. ob der von ihr erzeugte Werth ein höherer ist als der von ihr consumirte. Die Befürchtungen, welche so mancher über eine künftige Unzulänglichkeit des Brennstoffes zu erkennen giebt, beruhen theilweise auf ganz irrigen Ansichten, da dieser Fall nie eintreten wird und nie eintreten kann. Nimmt die Holzmenge im Vergleich zur Bevölkerung allmählich ab, so setzt das damit nothwendig verbundene Steigen des Preises einer so raschen Consumtion des Brennstoffes, wie sie bisher Statt fand, schon einen Damm entgegen; man wird zunächst die Verschwendung, welche man jetzt in der That noch mit demselben treibt ablegen und eine größere Sparsamkeit einführen. Unsere Heizapparate sind theilweise noch so unvollkommen eingerichtet, daß eine viel bedeutendere Wärmemenge verloren geht als verwendet wird und daß in dieser Beziehung eine große Reihe von Verbesserungen möglich ist. Ist aber erst ein Mal die Schwierigkeit sich Brennmaterial zu verschaffen bis zu einer bestimmten Höhe gestiegen, so wird dies den menschlichen Geist nur zu weiterem Nachsinnen und anderen Erfindungen hinleiten, die vielleicht von ganz anderen Seiten Abhülfe schaffen. Die Natur enthält außer den bisher gebräuchlichen noch eine große Menge von Wärmeerzeugern und die Chemie lehrt uns Stoffe kennen, wie z. B. das Wasserstoffgas, welche eines Theils in ganz unerschöpflichen Mengen zu Gebote stehen, anderen Theils eine Hitze entwickeln können, welche die von unseren gewöhnlichen Brennmaterialien vielfach übertrifft*). Wie weit bei Herbeiziehung solcher und ähnlicher Mittel ein glücklicher Erfindungsgeist die späteren Geschlechter leiten werde, läßt sich in keiner Weise übersehen, daß aber ein großer Spielraum zu wichtigen Entdeckungen auch nach dieser Richtung hin gelassen ist, steht gewiß fest.

§. 28.

Von weit größerer Bedeutung als alle bisher angeführten Folgen einer einheimischen verbreiteten Zuckerfabrikation ist die Umgestaltung, welche Handel und Gewerbe erfahren müßten, wenn die ganze jetzige Einfuhr an Colonialzucker aufhörte. Bedenkt man, daß Europa (10 Mill. Ctr. Zucker, den Centner zu 10 Thlrn. gerechnet) etwa für 100 Mill. Thaler Colonialzucker jährlich verzehrt, so kann man darnach die Wichtigkeit dieses Einfuhrartikels bemessen und die mannigfachen Störungen, welche eintreten müßten, sobald derselbe wegfiele. Aller direkte Handel mit fremden Nationen beruht darauf, daß

---

*) Wasserstoffgas, Brennkraft = 230, 7 Mal so groß als die des Holzes. Unsere gewöhnlichen Brennmaterialien enthalten freilich den Brennstoff in sehr concentrirtem Zustande.

wir eine gewisse Menge von Producten über unseren Bedarf produciren gegen die unmittelbar oder gegen deren Werthe wir die Erzeugniße jener in Empfang nehmen; fiele nun ein solch wesentliches Zahlungsmittel wie der Zucker für die Tropenländer hinweg, so müßte nothwendig eine Stockung des Absatzes eintreten und unsere Industriellen würden den ersten Stoß einer solchen Verrückung der Verhältnisse erfahren. Denken wir uns den Fall als möglich, daß diejenigen, welche auf Absatz außer Land produciren, sobald die Zuckerindustrie im Lande selbst entstände zu dieser übergingen indem sie ihren früheren Gewerbszweig aufgeben, so wären hiermit nur die Rollen gewechselt indem sie anstatt des Tauschwerthes jetzt das Einzutauschende selbst erzeugten und somit würde das Gleichgewicht wieder hergestellt werden; in der Wirklichkeit kann dies aber nicht in der Weise Statt finden, denn die in einem Gewerbe angewandten Capitale, der angewandte Grund und Boden, die ein Mal eingelernten Arbeiter lassen sich meistens nur schwierig, oft gar nicht, auf eine andere Weise nutzbar machen. Die unmittelbare Folge davon ist bei Krisen wie die erwähnte Ueberproduction und Production unter dem Kostenpreise. Nicht minder hart würde die Rhederei durch das Wegfallen der Zuckereinfuhr betroffen werden. Der regelmäßige Gang der Handelsunternehmungen ist der, daß nicht allein der Gewinn berechnet wird, der bei der Ausfuhr eines Productes erzielt werden kann, sondern eben so wichtig ist der andere an der Rückfracht beabsichtigte, beide modificiren sich gegenseitig und meist erst aus ihnen zusammen kann auf das Gelingen oder Mißlingen einer Spekulation geschlossen werden. Bei der Rückfracht spielt nun gerade der Colonialzucker eine bedeutende Rolle indem er ein vortreffliches Material zum Ballast der Schiffe abgiebt. Wenn letztere Auswanderer nach Amerika bringen, dann rechnen sie schon auf eine Ladung von Kaffee, Zucker u. dgl. aus den westindischen Inseln für die Rückfahrt, oder wenn Auswanderer nach Australien geschifft werden, dann nehmen die Schiffe von China Thee, von

Ostindien Zucker u. s. w. ein und erst durch den Gewinnst, den sie an der Rückfracht machen, sind sie im Stande die Preise bei der Hinfahrt auf eine billige Weise zu stellen. Es erhellt schon daraus, daß das Wegfallen des Zuckers als größerer Handelsartikel nicht blos die Einfuhr, sondern eben so gut mittelbar die Ausfuhr afficirt insofern dieselbe nun nicht mehr zu so niedrigen Preisen wie früher geschehen kann und bei Weitem nicht mehr so günstige Conjuncturen für die Rhederei möglich sind; noch mehr aber dadurch, daß überhaupt die Minderung der Einfuhr auch eine Minderung der Ausfuhr nach sich zieht, welche hauptsächlich nur in dem Absatze der Gegenwerthe besteht.

Von besonderer Bedeutung ist die Benachtheiligung der Schifffahrt für solche Staaten, deren Macht auf doppelten Säulen ruht, auf der Seemacht eben so sehr wie auf der Landmacht, denn gerade die Handelsflotte bildet meist ihre hauptsächliche Stärke, aus der sich erst die Marine entwickeln kann*), die erstere ist es, welche vor Allem Seeleute heranbildet aus deren Reihen dann für den Kriegsdienst die Mannschaft genommen wird; derjenige Staat muß als der mächtigste zur See angesehen werden, der überhaupt den umfangreichsten Seeverkehr hat, mit einem Sinken des letzteren im Ganzen ist ein Sinken der Macht überhaupt verbunden. Welche Wichtigkeit die einzelnen Staaten der Handelsmacht von diesem Gesichtspunkte aus beilegen, läßt sich am Besten daraus beurtheilen, daß sie den ausschließlichen Verkehr mit den Colonien häufig mit den größten und sogar übertriebenen Opfern

---

*) Die Kriegsmarine besteht in
   England aus 10000 Kanonen mit 54000 Mann,
   Frankreich , 4500 , , 32000 ,
   Oesterreich , 500 , , 2000 ,
Dagegen beläuft sich die Handelsmarine in
   England auf 23152 Schiffe mit 3,047,418 Tonnen,
   Frankreich , 13845 , , 589,517 ,
   Oesterreich , 6199 , , 206,551 ,
Höffken, Englands Zustände, Abschnitt 2.

vorzüglich nur deshalb erhalten, weil sie darin ein Bildungsmittel für die Marine finden, welche nicht aufgegeben werden dürfe. Besonders kommt Frankreich dieses System theuer zu stehen, ohne daß es doch eine so kräftige Hebung seiner Seemacht bis jetzt erreicht hätte, wie es dieselbe England gegenüber fortwährend wünscht.

Die angeführten Umgestaltungen von Gewerben und Handel würden indessen nicht in so schroffer Weise auftreten, wie es beim ersten Blicke erscheint und ein Theil der schädlichen Wirkungen durch andere wohlthätige ausgeglichen werden. Wenn eine neue Industrie in einem Lande entsteht, so kann dies in der Weise geschehen, daß entweder ein Theil der bisher in anderen Zweigen beschäftigten Arbeiter, so wie die angewendeten Capitalien und Grundstücke, welche dort kein vortheilhaftes Unterkommen mehr haben, zu derselben übergehen oder daß früher unbeschäftigte Productionsmittel dabei ihre Anwendung und ihren Gewinn finden. Denken wir uns also eine ausgedehnte Verbreitung der Zuckerindustrie, so würde für den ersten Fall manche Production, die durch Verminderung des Absatzes nach dem Auslande benachtheiligt wäre, sich auf einen geringeren Umfang beschränken, die Concurrenzverhältnisse weniger ungünstig sich gestalten und dadurch auch auf der anderen Seite sich die abzusetzenden Producte vermindern; für den zweiten Fall würden im Lande selbst, da neues Verdienst neue Zahlungsfähigkeit zur Folge hat, eine Reihe von Consumenten entstehen, die einen Theil der Erzeugnisse für sich beanspruchen könnten, welche früher aus dem Lande herausgingen. Daß diese Erscheinungen in der Praxis nicht so gesondert auftreten wie hier vorausgesetzt wurde, versteht sich von selbst, wir haben es daher bei Beurtheilung der wirklichen Verhältnisse meist mit Erscheinungen zu thun, die vermischter Natur sind und immer in einander übergreifen.

Auch in Bezug auf den Handel tritt eine mildere Gestaltung der Verhältnisse dadurch ein, daß bei abnehmenden äußerem

Verkehre der innere dagegen an Lebhaftigkeit gewinnt, indem eine größere Productenmenge im Lande selbst zur Vertheilung kommt. Gerade der inländische Verkehr muß aber für eine Nation als der wichtigste angesehen werden, denn obgleich er weniger für die Spekulation geeignet ist und keinen so hohen Gewinn auf der einen Seite verspricht, so ist er doch auf der anderen viel sicherer, weniger von äußeren Störungen abhängig und er zunächst kann einen Maßstab für die gewerbliche Thätigkeit eines Volkes geben. Nur auf ein solches Land, wie England, dessen ganze Existenz auf einer weiten Verzweigung des ausländischen Verkehres und auf der damit verbundenen Seemacht beruht, findet dies keine unbedingte Anwendung, denn niemals wird dort eine Vermehrung des inländischen Handels, in der Weise wie anderwärts, für den verlorenen äußeren Ersatz zu leisten im Stande sein und oft gar nicht ermöglicht werden können, weil ein sehr bedeutender Theil der englischen Fabrikate blos auf Absatz nach dem Auslande erzeugt wird. Wenn wir deshalb finden, daß Britannien die inländische Zuckerproduction nicht besonders bevorzugt[*]) und ihr wo möglich nur die Rechte der ausländischen einräumt, so ist dies vollständig im Interesse des Handelsstaates begründet, der einen so bedeutenden Einfuhrartikel, dort noch viel umfangreicher als bei uns (S. 13.), nicht ohne große Störungen vermissen könnte.

Der Verkehr nach Außen würde aber auch nicht ein Mal für immer einen bedeutenden Abbruch erfahren, denn da die fremden Nationen unsere Producte eben so nothwendig bedürfen als wir die ihrigen, so würden sie, wenn ihnen am Zucker ein Zahlungsmittel verloren gegangen wäre, sich bald nach einem anderen umsehen und allmälig durch eine veränderte Production uns andere Producte anzubieten im Stande sein. Unter diesen giebt es

---

[*]) 100 Cwt. wurden durch Gesetz vom 8. Mai 1845 (8. u. 9. Victoriae 1845, cap. 13.) mit 14 Schilling besteuert.

eine große Menge, welche, den tropischen Ländern eigenthümlich, nimmer in unseren Klimaten werden erzeugt werden. In vielen Colonien könnte eine ausgedehntere Cultur des Kaffees, des Thees, Cacaos, Tabaks und dergleichen Platz greifen, die Zufuhr dieser Producte nach Europa eine noch viel bedeutendere Ausdehnung erhalten und dadurch manchen Ersatz für die eingegangene leisten.

Trotz aller Ausgleichungen, welche Handel und Gewerbe zu erwarten hätten, steht doch so viel fest, daß die Revolution, welche durch ein Wegfallen der Zuckereinfuhr hervorgebracht werden würde, für die erste Zeit arge Störungen und sogar Zerstörungen erzeugen müßte, denn, eröffnen sich auch neue Wege, wenn sich die früheren verschließen, so ist es doch mindestens mit vielen Schwierigkeiten verknüpft, ehe Industrie und Handel sich wieder Bahn gebrochen haben, der Strom sucht sich zwar ein neues Bette, allein ehe er in dasselbe überfließt, muß eine Stauung erfolgen, welche häufig arge Verheerungen im Gefolge hat.

§. 29.

Nicht minder mächtig, als der Einfluß, den eine ausgedehnte Zuckerindustrie auf den gewerblichen Zustand unserer Länder unmittelbar ausüben müßte, würde der auf die Zolleinnahmen der einzelnen Staaten in die Wagschaale fallen. Der Antheil, welchen die Zuckerzölle an den gesammten Zolleinnahmen haben, ergiebt sich aus folgendem: Es betrugen in

England

	die Gesammtzölle		die Zuckerzölle	
1697	694,892	L. St.	30,000	L. St.
1799	7,498,615	"	2,321,930	"
1812	10,029.747	"	3,939,930	"
1824	15,000,000	"	4,641,945	"
1830	18,231,912	"	4,767342	" *)
			(26 pCt.)	

---

*) Neumann S. 73.

Frankreich

Gesammtzölle *)	Zuckerzölle
(Anschlag für 1844)	1835
147,300,000 Frc.	31,273,000 Frc.

(Das Verhältniß von den letzteren zu den ersteren muß aber viel größer sein, da seit jener Zeit der Runkelrübenzucker hoch besteuert wurde.)

Zollverein

	Gesammtzölle	Zuckerzölle
1836	16,886,859 Thlr.	5,197,502 Thlr.
1837	17,006,855 "	4,436,520 "
1938	19,263,035 "	5,670,224 "
1839	19,669,022 "	5,903,718 "
1840	20,534,904 "	5,372,032 "
1841	21,453,310 "	5,190,382 "
1842	22,832,824 "	5,772,692 "

bei uns die Zuckerzölle 24—30 pCt. der Zölle überhaupt**).

Hieraus geht hervor, daß die Zuckereinfuhr einen bedeutenden Theil der Grenzsteuern trägt und überhaupt der Staatseinnahme im Ganzen, wenn man bedenkt, daß in Preußen nach dem Anschlage für 1844 die Zölle 16 pCt, in Großbritannien 1836—1841 44 pCt. der Steuern betrugen. Ein Wegfallen derselben würde also in dem finanziellen Haushalte der Staaten eine wesentliche Lücke hervorbringen. Nach den oben erhaltenen Resultaten mußten wir schließen, daß eine Concurrenz des Rübenzuckers mit dem Colonialzucker bei gleicher Besteuerung schon jetzt nicht leicht sei, sollte also eine einheimische Zuckerindustrie allgemeine Verbreitung finden, so lassen sich nur zwei Mittel denken, wodurch dies zu erreichen wäre. Man müßte entweder durch hohe Prohibitivzölle die ausländische Concurrenz abschneiden, dann

---

*) Ohne Salzsteuer; 12,7 pCt. Kosten vom Rohertrage ohne die Ausfuhrprämien abzurechnen. Rau, Pol. Oek. III. §. 445. b.

**) Dieterici. Erste Fortsetzung, S. 87. Zweite Fortsetzung, S. 131.

wäre es möglich, die Abgabe, welche früher an den Grenzen erhoben wurde, jetzt vom Rübenzucker im Lande zu erheben, mit anderen Worten den Zoll durch eine Accise zu ersetzen. Dies könnte indessen nur eine wesentliche Vertheuerung des Zuckers zur Folge haben, die Consumenten würden gegen früher sehr benachtheiligt werden und es wäre zweifelhaft, sogar unwahrscheinlich, daß die Staatskasse vollständig für das Wegfallen des früheren Zolles entschädigt würde, denn die Vertheuerung eines Productes schwächt den Consum, die billigere Production vermehrt ihn in steigender Progression. Die Menge, für welche ein Erzeugniß bei abnehmendem Preise zugänglich wird, steigt in viel rascherem Verhältnisse als letzterer, umgekehrt fällt aber die Menge, welche bei steigendem Preise auf das Erzeugniß verzichten muß, in viel rascherem Schritte als jener wächst; daher auch die bei der Besteuerung geltende alte Finanzregel, daß zwei Mal zwei nicht vier mache. — Oder wollte man zu diesem Mittel nicht seine Zuflucht nehmen, so wäre eine allgemeine Zuckerindustrie nur dadurch denkbar, daß man sie vor der ausländischen, durch Befreiung von den Zöllen oder sehr niedrigen Satz derselben begünstigte, wie es früher beim Entstehen des Runkelzuckers der Fall war. Dann muß aber unmittelbar ein Ausfall in den Zollkassen erfolgen und die Erfahrung an Frankreich und Deutschland hat dies zur Genüge bewiesen.

Wie man auch immerhin über die Consumtionssteuern denken mag, so sind sie doch gegenwärtig ein wesentliches Mittel zur Beschaffung der finanziellen Bedürfnisse für die Staaten und können nach dem bis jetzt herrschendem Steuersysteme in keiner Weise gemißt werden. Sie machten von der ganzen Steuereinnahme aus *):

---

*) Die Gebühren, das heißt diejenigen Abgaben, welche der Bürger bei Benutzung bestimmter, vom Staate geleisteter Dienste zahlt, wie Gerichtskosten, Stempelgefälle ꝛc. sind hier überall von den Steuern ausgeschlossen.

in den Zollvereinsstaaten, (nach badi-
schem Anschlage) . . . . . .   57 pCt. (netto)
Preußen, Anschlag für 1844 mit der
Salzregie . . . .   60,7 "
Baden, 1830—1832 .   47,75 "
    1839 und 1840 . . . .   57 " (Durchschnitt)
Großherzogthum Hessen, Anschlag für
1845—1847 . . . .   54 "
Würtemberg, Anschlag für 1833 bis
1835 . . . .   39 " (netto)
Frankreich, 1785 . . . . . .   53 "
  — 1843 mit der Salzregie .   50 "
Großbritannien, 1831 . . . . .   97 "
  — 1843 nach Einführung
der property-tax . . . . .   84,8 " *).

Zwar ist es zu wünschen, daß das Princip der Einkommens- und Vermögenssteuern sich immer mehr Geltung verschaffe und daß man dem Ziele immer näher rücke jeden nach Beitragsfähigkeit, so weit es sich irgend praktisch erreichen läßt, zu belasten; demungeachtet wird es niemals gut möglich werden die ganze Staatseinnahme auf directem Wege zu beziehen und in England wo man die property-tax eingeführt, bilden doch die indirekten Steuern noch den beträchtlichsten Theil des ganzen Staatseinkommens überhaupt. Da nun ein Wegfallen der Consumtionsbelastung niemals zu erwarten steht, so muß das Bestreben dahin gehen, solche Verzehrungsgegenstände auszuwählen, welche bei ihrer Einträglichkeit eine gewisse Besteuerung nach dem Grade der Wohlhabenheit nicht ausschließen und gerade diesem Erfordernisse entspricht der Zucker. Während Brod und Fleisch zu denjenigen Bedürfnissen gehören, die selbst dem unvermögenden Arbeitsmanne zum Leben unumgänglich nothwendig sind und deren

---

*) Rau, Pol. Oek. III. §. 416. b.

er sich in keiner Weise entschlagen kann, ist der Zucker mehr als ein Luxusartikel zu betrachten, dessen Consum wirklich im Ganzen im Verhältnisse der Vermögenheit der Consumenten steigt und den die Armuth nöthigen Falls entbehren kann. So sehr wie nun ein Wegfallen der Schlacht- und Mahlsteuer auf der einen Seite zu wünschen, so sehr müßte ein Wegfallen der Zuckersteuer, so lange noch überhaupt von Consumtionssteuern die Rede ist, beklagt werden. Wollte man die inländischen Industriellen durch niederen Satz oder gänzliche Befreiung von den Zuckerzöllen begünstigen, so hieße dies nichts Anderes als auf eine zweckmäßige Consumtionssteuer verzichten, um auf eine andere drückendere Art den Ausfall decken zu müssen.

§. 30.

Den bisher angeführten, theils begründeten, theils unbegründ- Bedenken, hat man als einen wesentlichen Vortheil die **Unabhängigkeit von den Colonien** entgegengestellt, welche uns aus einer einheimischen Zuckerindustrie erwüchse, und gerade diese Rücksichten, mit dem Hinterhalte die englische Handelsmacht zu brechen, diktirten Napoleon die strengen Maaßregeln, welche er im Continentalsysteme aussprach. Er wollte das Festland von Europa in den Stand setzen alle Produkte selbst zu erzeugen, um nicht auf andere Gegenden insbesondere nicht die englischen Colonien angewiesen zu sein. Die Unabhängigkeit, welche wir erlangen, wird als eine doppelte angegeben: **die von den klimatischen und die von den commerciellen Störungen.** Träte in erster Beziehung wirklich der Fall ein, daß ein gänzliches Fehlschlagen aller Zuckerernten zuweilen zu erwarten stände, so könnte es allerdings von einigem Nutzen sein, daß das gemäßigte Klima in der Runkelrübe eine Zuckerfrucht hätte, indem beim Mißwachse des Rohres ein mögliches Gedeihen der Rübe eine gewisse Ausgleichung hervorbringen und extreme Preise verhüten würde. Es läßt sich aber das Vorausgesetzte gar nicht vermuthen, denn die Zuckercultur ist eine sehr verbreitete, auf der östlichen wie auf der westlichen Halbkugel einheimisch und fast undenkbar, daß in dem ganzen Aequatorialgürtel, in Ostindien und Java ebenso gut wie in Westindien und Brasilien, gleichzeitig schlechte Ernten eintreten sollten. Es werden mithin schon die Tropenländer selbst sich gegenseitig ergänzen, und das erwünschte Ebenmaaß erhalten. Was dagegen die Störungen betrifft, welche durch politische oder commercielle Ereignisse eintreten könnten, so sind diese doch nur als Ausnahmen zu betrachten und so wohlthuend eine einheimische Industrie in einzelnen Lagen sein mag, so wird man sie doch nicht für solche außerordentliche Fälle emporziehen, wenn sie bedeutende Opfer erheischt. Eine gänzliche Absperrung aller Zuckerländer ist ohnedieß für den Continent und selbst für Deutschland, welches keine eigenen Colonien hat, nicht zu befürchten, denn eines Theils liefern die verschiedensten Nationen uns unsern Bedarf an Zucker, anderen Theils liegt es im Interesse dieser ebenso sehr wie in unserem, daß die bestehenden Handelsverhältnisse keine Unterbrechung erfahren oder daß, wenn sie Statt finden sollte, der alte Zustand möglichst schnell wieder hergestellt werde. Bei dem Handel, der mehr wie jedes andere Verhältniß auf Gegenseitigkeit begründet ist, kann in dieser Bedeutung von einer Abhängigkeit des Continentes von den Colonien nicht die Rede sein, beide Theile hängen von einander ab, beide würden beim Wegfallen auf eine unheilbare Weise verletzt werden, will man aber dennoch von einer Abhängigkeit sprechen, so sind die Colonien gewiß mehr in unserem Solde, weil ihre Production eine sehr einseitige ist, als wir in dem ihrigen.

§. 31.

Es giebt eine Reihe von Patrioten, welche mit Wort und That darauf hinstreben, alle Producte im Lande zu erzeugen, um dadurch möglichst viel Hände zu beschäftigen und die Klagen von Arbeitslosigkeit zu beseitigen, welche in der Neuzeit auch nach

Deutschland gedrungen sind und mehr und mehr um sich zu greifen drohen, wenn man nicht schnelle Abhülfe schafft. Aus diesem Grunde dringen sie auch auf eine Förderung der Rübenzuckerindustrie. Jene halten uns immer die Summen vor, welche wir aus dem Lande herausschicken mußten, um uns mit einer Reihe von Erzeugnissen zu versorgen und bedauern, daß so viele Millionen verschenkt würden, welche wir besser selbst hätten verdienen können, niemals erwähnen sie aber der Werthe, welche erst abgesetzt werden mußten, um die Zahlungsfähigkeit für jene Producte zu begründen. Seitdem Say den Satz aufgestellt hat, daß Producte nur mit Producten erkauft werden können, von dem Proudhom sagt, daß der Verfasser dafür allein eine eherne Denksäule verdiene, seitdem verschenkt keine Nation etwas an eine andere, sondern empfängt nur Werthe gegen Werthe, an denen sie ihren Verdienst hat und selbst bei baarer Bezahlung ist dennoch das Geld nur das aus einer Production Erlöste, denn niemals wird sie, wenn sie nicht geradezu verschwendet, Capitale aufopfern, um ihre laufenden Bedürfnisse zu befriedigen.

Findet ein bestimmter Industriezweig in einem Lande die äußeren Bedingungen zu seinem Gedeihen, dann ist es gewiß Pflicht denselben auf jede Weise zu fördern, da eine größere und vielfachere Productenmenge, welche wir im Handel anzubieten haben, uns befähigt auf eine leichtere Weise die nöthigen Bedürfnisse einzukaufen; sogar ein auf kurze Zeit gewährter Schutzzoll kann in manchen Fällen die glücklichsten Wirkungen haben und zur Begründung und Förderung einer Industrie nöthig sein. Da beim Entstehen eines Fabrikzweiges die Capitale erst allmälich ihren Gang zu demselben finden, die bei ihr nöthige Geschicklichkeit der Arbeiter erst mit der Zeit sich herausbilden kann, eine Menge von Hülfsgewerben unterstützend zur Hand gehen, manche Versuche angestellt, manche Verluste erlitten werden müssen, so kann im Anfange ein Concurriren mit solchen Ländereien nicht gut Statt finden, die diese Epoche schon überwunden haben und übrigens gleich günstige Bedingungen genießen. Hat sich dagegen erst ein bestimmter Stamm in der inneren Industrie gebildet, dann ist es leichter dieselbe zu verbreiten und die Auflage, welche anfänglich auf kurze Zeit die Consumenten zu Gunsten der Producenten zu tragen hatten, um sie vor der auswärtigen Concurrenz zu schützen, wird ihnen späterhin und oft mit vielem Gewinne wieder zu Gute kommen.

Ist dagegen eine Industrie von der Beschaffenheit, daß sie als nicht günstig für ein Volk von vornherein angesehen werden muß und von ihr nicht zu erwarten steht, daß sie mit der ausländischen jemals eine dauernde Concurrenz aushalten könne, dann ist es gewiß verderblich sie durch Schutzzölle zu begünstigen. Ein solches System führt nur zu einem künstlichen Baue, der je höher man baut desto mehr mit dem Einsturze droht und niemals der Stützen entbehren kann, welche ihm von allen Seiten angelegt werden müssen. Ein sprechendes Beispiel hierzu bietet uns Frankreich, welches seit vielen Jahren mit einer Mauer von Prohibitivzöllen umgeben, zu keiner gesunden Entwickelung seiner Kräfte zu gelangen vermag. Anstatt daß es Eisen, Schiffstaue und dergleichen billiger von England bezöge, geht es darauf aus, alle diese Produkte im Lande selbst zu erzeugen und vertheuert der Schiffahrt und den Gewerben eine Menge von Hülfsmitteln ohne doch auf der anderen Seite die einzelnen Fabrikationen, welche jene Dinge liefern, wirklich in Schwung zu bringen. Dafür, daß eine Nation alle mögliche Industrieen zu fördern sucht ohne Unterschied, ob ihr Gedeihen in der Natur und in den ganzen staatlichen Verhältnissen des Landes einen Grund und Boden hat oder nicht, ist es gewiß für sie vortheilhafter diejenigen besonders zu treiben, in denen sie vorzugsweise billig produciren kann und mit einem Ueberschusse der Erzeugnisse über das eigene Bedürfniß oder mit dem daraus Erlösten von anderen Nationen andere Erzeugnisse auszutauschen, welche wiederum von diesem am billigsten geliefert werden können. Gerade in Deutschland aber, wo das industrielle Leben erst begonnen hat, giebt es noch eine Menge von Productionszweigen, welche mit größerem Vortheile ergriffen werden könnten, als gerade die Zuckerproduction. Es waren früher bei uns Industrien wie z B. der Flachsbau und die Flachsbearbeitung einheimisch, welche den Wohlstand großer Länderstriche bildeten, die jetzt in Elend versunken sind, uns von anderen Nationen aber entrissen wurden, weil wir es nicht verstanden, sie auf zweckmäßige Weise fortzubilden und mit denjenigen Verbesserungen (besonders Maschinen) zu versehen, welche nöthig geworden waren, um eine Concurrenz zu halten. Manches Alte können wir wieder hervorsuchen, manche neue Kräfte wecken und gewiß am ersten von Allen dem Elende entgehen, welches mit Schrecken von Ferne droht, sobald wir nur ein vernünftiges, entschiedenes, naturwüchsiges System an die Spitze aller unserer Unternehmungen stellen.

§. 32.

Es würde ungerecht sein, wenn man so manchem bisher Angeführten gegenüber, welches in keiner Weise geeignet ist der einheimischen Zuckerindustrie das Wort zu reden, nicht auch auf der anderen Seite den günstigen ihr nicht abzusprechenden Einfluß anerkennen wollte, welchen die letztere dadurch gehabt, daß sie als Concurrentin der Rohrzuckerindustrie auftrat. Gehen wir auf die Zuckerpreise zurück, welche vor Ausbreitung des Rübenzuckers herrschten, so finden wir einen wesentlichen Unterschied gegen jetzt. Es kostete auf

Jamaika (nach Büsch) 1799 ein englischer Ctr. 2 L. St. 7¼ Pce; also 1 pr. Ctr. 16,1 Thlr.

Auf anderen westindischen Inseln 1 L. St. 15 Schilling 5¼ Pce.; also 1 pr. Ctr. 8,85 Thlr.

In Brasilien (nach Martius) 1816 1 Aroba 1800 Reis*); also 1 pr. Ctr. 10,2 Thlr.

---

*) 1 Aroba = 31 pr. Pfd.; 1000 Reis = 1 Thlr. 18 Sgr. Diese Angaben aus Neumann S. 121. ff.

Die Preise sind seit dieser Zeit um ein Bedeutendes gesunken. Früher, als die Colonien den europäischen Zuckermarkt allein beherrschten, waren sie auch im Stande den Preis daselbst eigenmächtig zu stellen und zu steigern. Dieses Monopol wurde gebrochen, als ihnen aus der einheimischen begünstigten Zuckerindustrie eine Concurrenz erwuchs; nicht genug aber, daß sie auf den Monopolgewinn verzichten mußten, waren sie auch genöthigt billiger zu produciren und den alten Schlendrian in der Fabrikationsweise theilweise aufzugeben, von dem wir noch jetzt einen Ueberrest finden. Gewiß gab die europäische Zuckerindustrie zu mancherlei Verbesserungen in den Colonien Anstoß, die außerdem nicht erfolgt wären und kann man auch ein Sinken des Preises von Rohrzucker nicht ihr allein zu schreiben, so hat sie doch gewiß einen unverkennbaren Antheil an dem erreichten Resultate.

Dieser wohlthätige Einfluß in der Vergangenheit muß indessen in der Zukunft an Bedeutung verlieren nachdem ein Mal die Bahn zu Verbesserungen gebrochen wurde und die Concurrenz der Colonien unter einander gestiegen ist. Gewiß werden die angefangenen Reformen in der Fabrikation, da das alte verknöcherte System an vielen Stellen aufgegeben ist, immer weiter fortschreiten und die verschiedenen Interessen der überseeischen Länder bei der Bedeutung des Gegenstandes unter einander wirksam genug sein, um eine monopolistische Vertheuerung unmöglich zu machen. In der neueren Zeit ist Ostindien mit Westindien in die Schranken getreten und gewinnt von Tag zu Tag an Bedeutung, wo aber so viele Gegenden an der Zuckerproduction Theil nehmen, kann von einer künstlichen Uebertheuerung nicht die Rede sein. Dazu kommt, daß bei gleicher Besteuerung des Rohr- und Rübenzuckers dem letzteren überhaupt noch nicht der Todesstoß gegeben ist, sondern auch zukünftig begünstigte Fabriken bestehen und den Colonialzucker das Gleichgewicht halten werden. Nur eine Concurrenz kann aber jetzt, wo die Zuckerpreise herabgegangen, von wohlthätiger Wirkung sein, während jede andere, unter hohen Schutzzöllen stehende, was sie auf der einen Seite giebt sich auf der anderen oft mehrfach wieder bezahlen läßt.

§. 33.

Wägen wir das Für und Gegen einer einheimischen Industrie unpartheisch ab, so muß sich uns die Folgerung ergeben, daß wenn auch eines Theils viele Besorgnisse übertrieben sind, die man wegen einer einheimischen Zuckerfabrikation hegt, doch anderen Theils auch viele Erwartungen und Hoffnungen als illusorisch betrachtet werden müssen, die wirklich reellen aber nicht die Bedeutung haben um sie durch große Opfer zu erkaufen. Daß aber solche Opfer wirklich erfordert werden um einer einheimischen Industrie eine allgemeine Verbreitung zu sichern, ging aus dem früheren Theile unserer Untersuchung hervor, wo sich herausstellte, daß schon jetzt bei gleicher Besteuerung nur für die begünstigten Fabriken eine Concurrenz möglich sei, diese aber immer mehr Schwierigkeiten mit den zukünftig in den Colonien zu erwartenden Veränderungen finden würde.

V.
Schlußbetrachtung. Die in Bezug auf die Runkelzuckerindustrie einzuschlagende Steuerpolitik.

§. 34.

Aus dem gefundenen Resultate lassen sich unmittelbar die Folgerungen ableiten, welche sich für eine einzuschlagende Besteuerungspolitik in Bezug auf die Zuckerindustrie ergeben. Die erste Forderung, welche an jede Politik und insbesondere an die Besteuerungspolitik zu stellen ist, muß die auf Entschiedenheit sein. Nirgends ist wohl das Experimentiren gefährlicher als gerade hier, weil jeder verunglückte Versuch auf Kosten des Volkswohles geht und meistentheils den Sturz, oder zum wenigsten die Verkümmerung vieler Gewerbtreibenden über lang oder kurz nach sich zieht. Man mag sich von vorne herein über den einzuschlagenden Weg klar werden, dann aber mit Consequenz ihn durchführen, ohne nach rechts oder links abzuweichen.

Gerade unsere Zuckerindustrie hat aber vor allen anderen eine Reihe von Schwankungen in dem in Bezug auf sie verfolgten Systeme bitter empfunden und laut zu beklagen. Im Jahre 1828 besteuerte man in Preußen:

  Rohzucker mit 4 Thlr.
  Kochzucker » 8 »
  Lumpen » 10 »
  Raffinade » 10 »

Es war gewiß diese Art der Belastung dem Principe nach die richtigste, indem sie die verschiedenen Zuckerfabrikate nach dem Grade ihrer Feinheit mehr oder weniger besteuerte. Allein schon 1831 trat ein Wechsel der Zollsätze ein, denn es mußte zahlen:

  Rohzucker 5 Thlr.
  Kochzucker 11 »
  Lumpen 5 »
  Raffinade 11 »

Da die Lumpen etwa 12 pCt. Zucker mehr enthalten, als der Rohzucker, so nahm die Einfuhr an ersteren schnell zu und stieg 1836 auf 43 pCt. alles für die Siedereien versteuerten Zuckers. Zugleich mußte aber die Zollkasse einen Ausfall empfinden, den Dieterici für 1836 auf mehr als 330,000 Thlr. berechnet[*]. Dies gab den nächsten Anlaß zu dem früheren Systeme dem Principe nach zurückzukehren und man besteuerte 1837

  Rohzucker mit 5 Thlr.
  Kochzucker » 9 »
  Lumpen » 11 »
  Raffinade » 11 »

---

[*] Aufgabe der Hansestädte, S. 198.

In diese Zeit fällt die Verbreitung der Runkelzucker-Fabriken in Deutschland. Unter dem hohen Schutze, den sie dadurch genossen, daß sie von jeder Abgabe befreit waren, wuchs ihre Zahl schnell empor und während ℍℍ 122 Fabriken im Ganzen bestanden, betrug die Zahl ℍℍ 156, ℍℍ 159. Es entstanden dadurch neue Verlegenheiten für die Regierungen und um denselben aus dem Wege zu gehen, wurde jener schon oben erwähnte niederländische Vertrag im Jahre 1839 abgeschlossen, welcher so vielfache Klagen von allen Seiten hervorrief. Nach ihm mußte

    Rohzucker 5 Thlr.

    Kochzucker 9 "

    Lumpen 5¼ "

    Raffinade 11 "

zahlen. Man kehrte dadurch zu dem früheren Systeme wieder zurück und wechselte zum zweiten Male die Farbe, was um so mehr auffallen mußte, da man schon eine Erfahrung vor sich hatte, die nicht günstig sprach und man blos nöthig gehabt hätte, für die Zukunft die gehörige Nutzanwendung davon zu machen. Holland warf von 216,276 Ctr. Lumpen-Zucker, die es ausführte, fast die ganze Menge nach Deutschland[*]) und überschwemmte damit wahrhaft unseren Markt. Die Folgen dieses zweiten Systemwechsels wurden viel härter empfunden als die des ersten, weil seit jener Zeit die Zuckerindustrie eine ganz andere Gestaltung bekommen hatte und außer den Klagen der Colonialzucker-Raffinerien, die der Runkelzucker-Fabriken sich in großer Masse hinzugesellten. Die ersteren hatten früher besonders Rohzucker versotten, ein Product, welches noch eine bedeutende Menge Syrup enthält und einer starken Reinigung bedarf; dadurch, daß jetzt die Lumpen, welche schon einen größeren Grad der Feinheit besitzen, in ansehnlicheren Quantitäten eingeführt wurden, entging ihnen zunächst der Gewinn, welcher gemacht werden konnte, um den Rohzucker

---

*) Dieterici. Erste Fortsetzung, S. 97.

in Lumpen umzuwandeln und fiel dagegen den Holländern großen Theils zu; sie waren ferner nicht im Stande, gleiche Quantitäten Syrup zu liefern wie früher, der gerade bei seinem Absatze nach dem östlichen Deutschland einen großen Theil der Fabrikationskosten gedeckt hatte und ein sehr nützliches Nebenerzeugniß gewesen war. Weit empfindlicher als alles dies berührte sie aber der Umstand, daß ein großer Theil ihrer seit dem früheren Besteuerungswechsel eingeführten Verbesserungen in der Fabrikation unter den neuen Verhältnissen größten Theils seine Wirksamkeit verlor. Da der Rohzucker eine größere Menge von unkrystallinischem Zucker enthält, als die Lumpen, so muß er auch auf eine andere Weise behandelt werden und namentlich ist für ihn ein vorsichtiges Versieden bei nicht zu hoher Temperatur nöthig, um möglichst viel krystallinische Masse zu erhalten. Bei der auftauchenden Concurrenz des inländischen Zuckers war ein großer Theil der Rohzucker-Raffinerien besonders darauf bedacht, die Ausbeute zu steigern, sie warfen die früher üblichen einfachen Schaukelpfannen bei Seite und schafften sich weit kostbarere und künstlichere Apparate an (wie z. B. besonders den Howard'schen), in welcher das Versieden unter niederem Luftdrucke vorgenommen wurde. Plötzlich bekamen die Fabrikanten durch die Umänderung des Zollsystemes statt des Rohzuckers den schon ein Mal verfeinerten Lumpenzucker als Material in die Fabriken. Da diesem eine hohe Temperatur weniger schädlich ist, so konnten ihn diejenigen Raffinerien, welche die alten Apparate beibehalten, fast eben so gut bearbeiten als die übrigen, welche mit neuen Vorrichtungen arbeiteten, es befanden sich also letztere entschieden im Nachtheile, da eine große Menge von Capitalien von ihnen unnütz aufgewendet worden waren, die eben so gut eine Verzinsung erforderten. Müssen solche Schwankungen im Zollsysteme die strebsamen Fabrikanten nicht ängstlich bei Anlegung neuer Verbesserungen machen, der Industrie eine gewisse Unsicherheit verleihen und sie an einem graden Fortschreiten hindern?

Selbst auf diejenigen Fabriken, welche nur ein Product zur Versetzung und Verfälschung des Zuckers liefern, äußerte der neue Zollsatz seinen Einfluß, denn während man früher seine Rechnung dabei gefunden hatte, Stärkezucker zu bereiten, war es jetzt beim Wegfallen eines großen Theiles des Rohrsyrups einträglicher Stärkesyrup zu erzeugen, um das theuere erstere Product damit zu untermischen.

Nicht minder hart als die Rohrzuckerraffinerien empfanden die Runkelzuckerfabriken den Wechsel des Systemes. Die junge Industrie verdankte den früheren hohen Zöllen hauptsächlich ihre erste Blüthe und mochte man auch diese nicht als Schutzzölle ansehen, so wirkten sie doch als solche und waren in der That nichts anderes; als deshalb der Steuersatz auf Lumpen plötzlich von 11 auf 5½ Thlr. herabgesetzt wurde, die Erniedrigung also geradezu 50 pCt. betrug, empfing sie einen harten Stoß und eine Anzahl Fabriken war genöthigt einzugehen, oder sich in Rohrzuckerraffinerien umzuwandeln. Die statistischen Tabellen weisen im Jahre 1838—39 die Thätigkeit von 159 nach; im Jahre 1841—42 nur von 136 (S. 21.).

Nach dieser zweiten Schwankung wurde die frühere Besteuerungsart des Zuckers im Wesentlichen wieder angenommen, das heißt 1843 Rohzucker mit 5 Thlr.

    Kochzucker - 8 -

    Lumpen - 10 -

    Raffinade - 10 -

belastet. Es ist zu wünschen und zu erwarten, daß auf dem jetzt betretenen Wege fortgeschritten wird und daß uns Anfängern in einer weiter sehenden Handelspolitik die Erfahrungen, welche wir an der Zuckerindustrie gemacht haben und hier besonders scharf heraus traten, auch für andere Industrien lehrreich zur Hand gehen mögen.

§. 35.

Nicht genug, daß die in Bezug auf den Runkelzucker einzuschlagende Steuerpolitik entschieden sei, ergiebt sich für uns aus allem Obigen auch die Folgerung, daß sie darauf gerichtet sein muß eine allmälig höhere Belastung desselben herbeizuführen. Schon jetzt hat man den inländischen Zuckerfabrikanten gezeigt, daß man nicht gesonnen ist ihr Product unbelastet zu lassen, nur Consequenz ist es in dieser begonnenen Richtung weiter fortzufahren. So wohlthätig ein richtig angelegter Schutzzoll wirken kann, so verderblich und noch viel verderblicher wirkt ein Schutzzoll auf eine Industrie, von der sich voraus sehen läßt, daß sie denselben zukünftig im Allgemeinen gar nicht werde entbehren können und in so fern kann man die bis jetzt befolgte Politik des Zollvereines nur billigen, daß sie bei Verleihung eines Schutzes mit der größten, wenn auch oft zu großen Vorsicht zu Wege ging; um so mehr da der Streit zwischen Freihandels- und Schutzzollsystem keineswegs ausgekämpft ist und gewiß erst von beiden Seiten ein Nachgeben erfolgen muß, denn erst eine Vermittelung und Vereinigung der guten Keime, welche beide jetzt schroff sich gegenüber stehenden, sich theilweise ganz falsch verstehenden Ansichten enthalten, kann die Erfolge haben, welche zum wahren Wohle des Vaterlandes führen.

In einzelnen Theilen Deutschlands wie in Sachsen, Schlesien und an manchen Stellen des Südens hat sich die inländische Industrie wirklich schon befestigt, der Punkt ist erreicht, wo Capitale und Arbeiter für dieselbe gewonnen sind, es wird also nun an der Zeit sein ein allmäliges Wegfallen des früheren Schutzzolles, oder was dasselbe bedeutet, eine Erhöhung in der Besteuerung des Runkelzuckers eintreten zu lassen. Ist die Industrie im Stande die Concurrenz des ausländischen Zuckers auszuhalten — und wir sind zu der Behauptung berechtigt, daß ein großer Theil der Fabriken noch für eine längere Zeit dieß im Stande ist — so kann dieß nur von den wohlthätigsten Folgen sein; kann sie dagegen den Schutz auch jetzt noch nicht entbehren, dann ist auch für die Zukunft keine Hoffnung da und es ist höchste Zeit jedem weiteren Umsichgreifen derselben zu begegnen.

Es würde unbillig sein, wenn man die Industrie, welche sich bisher unter einem hohen Schutze entwickelt hat, plötzlich rathlos im Stiche lassen wollte, daher kann vor Allem nur eine allmälige Erhöhung der Belastung in angemessenen Zwischenräumen als zweckmäßig erscheinen; sollten bei einer Gleichstellung aller Zuckerzölle auch die inländischen Fabriken mit gutem Betriebe und angestrengtem Fleiße nicht concurriren können, dann wäre es sogar Pflicht, dieselben durch eine kleine Vergünstigung sicher zu stellen. Aber das System muß entschieden dahin streben, daß nicht auf den Schutzzoll allein gestützt die Fabriken sich vermehren, ohne doch Aussicht zu haben, beim Wegfallen jenes jemals bestehen zu können. Wollte man in dieser Beziehung zu milde Grundsätze herrschen lassen und vielleicht aus Rücksicht auf eine geringe Classe von Gewerbtreibenden bedeutende Begünstigungen gewähren, so würden wir später das Bestehen einer Industrie zu beklagen haben, die nur auf Kosten der Consumenten ihr Dasein fristet; bei einer Verbreitung derselben unter solchen Bedingungen würde den Regierungen die Zolleinnahme großen Theils entgehen, welche sie jetzt von dem ausländischen Zucker beziehen, die Unterthanen würden dieselbe nothwendiger Weise auf andere Art decken und dabei den Zucker theuer bezahlen müssen, trotz aller Opfer aber die einheimische Industrie nur künstlich empor geschraubt sein. Wenn man aber dann erst sich von der Unrichtigkeit des eingeschlagenen Weges überzeugte, wäre es zu spät Repressionsmaaßregeln gegen den ungünstigen Fabrikationszweig zu ergreifen und die Klagen, welche jetzt einzeln erschallen, würden eine Stärke erreichen, die sich nur mit Ungerechtigkeit erdrücken ließe. Wir sind in Deutschland unabhängig geblieben von einer Colonialpolitik, welche den Mutterländern oft die größten Opfer auflegt, wollen wir die Last, welche jene außerhalb, jenseits des Meeres, haben, uns im Lande selbst aufbürden? —